卓越农林人才培养实验实训实习教材

饲料学实验与实训

主　编

兰云贤　　　　　　　　（西南大学）

黄文明　　　　　　　　（西南大学）

副主编

朱　智　　　　　　　　（西南大学）

张正帆　　　　　　　　（武汉轻工大学）

施晓利　　　　　　　　（贵州大学）

陈　英　　　　　　　　（重庆市畜牧科学院）

编写者

林　波　　　　　　　　（广西大学）

史海涛　　　　　　　　（西南民族大学）

邰秀林　　　　　　　　（西南大学）

王　琪　　　　　　　　（重庆市畜牧科学院）

曾有权　　　　　　　　（西南大学）

西南大学出版社

国家一级出版社　全国百佳图书出版单位

图书在版编目(CIP)数据

饲料学实验与实训 / 兰云贤, 黄文明主编 . -- 重庆:
西南大学出版社, 2023.12
ISBN 978-7-5697-1454-8

Ⅰ.①饲… Ⅱ.①兰… ②黄… Ⅲ.①饲料—实验
Ⅳ.①S816-33

中国国家版本馆CIP数据核字(2023)第228475号

饲料学实验与实训

SILIAO XUE SHIYAN YU SHIXUN

主　编:兰云贤　黄文明

责任编辑: 杨光明
责任校对: 刘　平
装帧设计: 观止堂_朱　璇
排　　版: 杜霖森
出版发行: 西南大学出版社(原西南师范大学出版社)
印　　刷: 重庆天旭印务有限责任公司
幅面尺寸: 195 mm×255 mm
印　　张: 11.25
字　　数: 272千字
版　　次: 2023年12月 第1版
印　　次: 2023年12月 第1次印刷
书　　号: ISBN 978-7-5697-1454-8

定　　价: 38.00元

总序

2014年9月,教育部、农业部(现农业农村部)、国家林业局(现国家林业和草原局)批准西南大学动物科学专业、动物医学专业、动物药学专业本科人才培养为国家第一批卓越农林人才教育培养计划改革试点项目。学校与其他卓越农林人才培养高校广泛开展合作,积极探索卓越农林人才培养的模式、实训实践等教育教学改革,加强国家卓越农林人才培养校内实践基地建设,不断探索校企、校地协调育人机制的建立,开展全国专业实践技能大赛等,在卓越农林人才培养方面取得了巨大的成绩。西南大学水产养殖学专业、水族科学与技术专业同步与国家卓越农林人才教育培养计划专业开展了人才培养模式改革等教育教学探索与实践。2018年9月,教育部、农业农村部、国家林业和草原局发布的《关于加强农科教结合实施卓越农林人才教育培养计划2.0的意见》(简称《意见2.0》)明确提出,经过5年的努力,全面建立多层次、多类型、多样化的中国特色高等农林教育人才培养体系,提出了农林人才培养要开发优质课程资源,注重体现学科交叉融合、体现现代生物科技课程建设新要求,及时用农林业发展的新理论、新知识、新技术更新教学内容。

为适应新时代卓越农林人才教育培养的教学需求,促进"新农科"建设和"双万计划"顺利推进,进一步强化本科理论知识与实践技能培养,西南大学联合相关高校,在总结卓越农林人才培养改革与实践的经验基础之上,结合教育部《普通高等学校本科专业类教学质量国家标准》以及教育部、财政部、发展改革委《关于高等学校加快"双一流"建设的指导意见》等文件精神,决定推出一套"卓越农林人才培养实验实训实习教材"。本套教材包含动物科学、动物医学、动物药学、中兽医学、水产养殖学、水族科学与技术等本科专业的学科基础课程、专业发展课程和实践等教学环节的实验实训实习内容,适合作为动物科学、动物医学和水产养殖学及相关专业的教学用书,也可作为教学辅助材料。

本套教材面向全国各类高校的畜牧、兽医、水产及相关专业的实践教学环节,具有较广泛的适用性。归纳起来,这套教材有以下特点:

1. 准确定位,面向卓越 本套教材的深度与广度力求符合动物科学、动物医学和水产养殖学及相关专业国家人才培养标准的要求和卓越农林人才培养的需要,紧扣教学活动与知识结构,对人才培养体系、课程体系进行充分调研与论证,及时用现代农林业发展的新理论、新知识、新技术更新教学内容以培养卓越农林人才。

2.夯实基础,切合实际 本套教材遵循卓越农林人才培养的理念和要求,注重夯实基础理论、基本知识、基本思维、基本技能;科学规划、优化学科品类,力求考虑学科的差异与融合,注重各学科间的有机衔接,切合教学实际。

3.创新形式,案例引导 本套教材引入案例教学,以提高学生的学习兴趣和教学效果;与创新创业、行业生产实际紧密结合,增强学生运用所学知识与技能的能力,适应农业创新发展的特点。

4.注重实践,衔接实训 本套教材注意厘清教学各环节,循序渐进,注重指导学生开展现场实训。

"授人以鱼,不如授人以渔。"本套教材尽可能地介绍各个实验(实训、实习)的目的要求、原理和背景、操作关键点、结果误差来源、生产实践应用范围等,通过对知识的迁移延伸、操作方法比较、案例分析等,培养学生的创新意识与探索精神。本套教材是目前国内出版的能较好落实《意见2.0》的实验实训实习教材,以期能对我国农林的人才培养和行业发展起到一定的借鉴引领作用。

以上是我们编写这套教材的初衷和理念,把它们写在这里,主要是为了自勉,并不表明这些我们已经全部做好了、做到位了。我们更希望使用这套教材的师生和其他读者多提宝贵意见,使教材得以不断完善。

本套教材的出版,也凝聚了西南大学和西南大学出版社相关领导的大量心血和支持,在此向他们表示衷心的感谢!

总编委会

前言
PREFACE

　　"饲料学"是动物科学专业的核心专业课程，它研究饲料的种类、营养价值、饲用价值及其科学利用的原理和方法，揭示饲料养分的定性定量规律，促进动物饲料资源的合理利用和动物产品的高效生产，提升人类生活质量和健康水平。饲料原料中的营养物质是动物生存的营养基础，为满足动物对营养物质的需求，必须准确测定饲料的营养成分；饲料的常规营养成分及其微量元素含量，因产地、年份、季节、收获期、品种等不同而不同，加工、储藏也会导致养分含量的改变，必须准确评定饲料对于动物的营养价值。

　　《饲料学实验与实训》是"卓越农林人才培养实验实训实习教材"系列之一。本教材基于加强学生实践能力、创新能力以及个性化培养理念，遵循现代教育教学规律，以培养复合应用型畜牧专业人才的目标而编写。本教材突出饲料学实践技能的完整性和系统性，按照基础性实验和综合性、设计性实训三个层次精选实验实训项目。本教材基础性实验内容紧贴最新的操作方法，理论联系实际；实训内容模拟生产实际场景，由简到繁、由易到难，力求做到深入浅出。本教材分为三个部分：第一部分为概述，介绍饲料学实验实训的性质与任务、饲料养分的有关基础知识；第二部分为饲料品质鉴别和测定的基础性实验，包括常用饲料原料的感官和显微镜检测技术，饲料级鱼粉中掺杂掺假的检验方法，黄曲霉毒素的快速定性测定，大豆、油脂、青贮饲料等品质鉴定，饲料的纤维成分和酸结合力的测定，近红外技术测定饲料中的养分等21个实验项目，最终培养学生对饲料原料及成品品质进行鉴定的能力；第三部分包括饲料营养价值评定方案的设计，饲料配方设计的方法，各畜禽、各类型饲料配方的设计共12个综合性、设计性实训项目，通过实训以期达到为畜牧生产提供科学合理营养方案的能力。

　　本教材不仅适用于动物科学专业饲料学实验与实训教学，也适用于动物医学、水产科学相关专业技能的训练。本教材编写组由西南大学、贵州大学、武汉轻工大学、广西大学、西南民族大学、重庆市畜牧科学院等单位富有理论和实践教学经验、具有高级职称或博士学位以上专业人员组成。编写人员以认真负责的态度对教材内容进行了反复阅读和校对，但难免有疏漏和不当之处，恳请读者提出意见，以便再版时修订完善。

编者

2023 年 11 月

目 录
CONTENTS

第一部分　概述 ……………………………………………………………1

一、饲料学实验实训的性质与任务 ………………………………………1
二、饲料养分含量的表示与换算 …………………………………………2
三、饲料养分的变异 ………………………………………………………3

第二部分　基础性实验 ……………………………………………………9

第一节　饲料的感官和显微镜检测
　　实验1　常用饲料原料的感官和显微镜检测 …………………………9
第二节　饲料中尿素氮及氨态氮的测定
　　实验2　饲料中尿素含量的测定 ……………………………………16
　　实验3　饲料中挥发性盐基氮的测定 ………………………………19
第三节　饲料级鱼粉中掺假的检验方法
　　实验4　鱼粉中掺入植物性物质的检测 ……………………………23
　　实验5　鱼粉中掺入动物性低质蛋白的检测 ………………………25
　　实验6　鱼粉中掺入非蛋白氮的检测 ………………………………28
　　实验7　鱼粉中掺入氯化物、碳酸盐类物质的检测 ………………31
第四节　大豆制品的质量检测
　　实验8　大豆制品中脲酶活性的测定 ………………………………34
　　实验9　蛋白质溶解度的测定 ………………………………………40

第五节　饲用油脂的质量鉴定

实验 10　油脂酸价和酸度的测定 ……………………………………42

实验 11　油脂皂化值的测定 …………………………………………45

实验 12　油脂不皂化物含量的测定 …………………………………47

实验 13　油脂过氧化值的测定 ………………………………………50

第六节　青贮饲料的品质鉴定

实验 14　青贮饲料的感官评定 ………………………………………52

实验 15　青贮饲料的化学评定 ………………………………………54

第七节　饲料纤维成分的分析

实验 16　范氏洗涤纤维分析法 ………………………………………57

实验 17　非淀粉多糖的分析测定 ……………………………………61

第八节　饲料酸结合力的测定

实验 18　饲料酸结合力的测定 ………………………………………64

第九节　饲料中霉菌毒素的快速检测

实验 19　黄曲霉毒素的快速定量测定 ………………………………66

第十节　近红外技术测定饲料中的养分

实验 20　饲料粗蛋白含量近红外光谱定量模型的建立 ……………69

实验 21　基于近红外光谱技术快速预测饲料粗蛋白含量 …………72

第三部分　综合性、设计性实训 ·························74

实训1　饲料营养价值评定方案的设计 ·························74

实训2　代数法和方框法的配方练习 ·························82

实训3　利用Office中的Excel练习配方设计 ·························86

实训4　猪、禽浓缩饲料的配方设计 ·························102

实训5　维生素预混料、微量元素预混料的配方设计 ·························108

实训6　乳、仔猪教槽料与保育料配方设计 ·························115

实训7　母猪饲料的配方设计 ·························123

实训8　产蛋鸡饲料的配方设计 ·························129

实训9　肉仔鸡饲料的配方设计 ·························139

实训10　奶牛全混合日粮的配方设计 ·························146

实训11　肉牛全混合日粮的配方设计 ·························152

实训12　日粮配方质量的检查与评价 ·························159

第一部分　概述

饲料是指可被动物摄取、消化、吸收和利用,以促进动物生长、组织修补、调节生理过程的物质,是动物赖以生存和生产的物质基础。饲料学是一门研究动物饲料的化学组成、营养理化性质及其影响因素与应用技术的一门学科,它通过对饲料营养价值的评定、饲料加工和日粮配合等应用技术的研究,最终达到扩大饲料资源的开发利用、保障饲料安全、获得动物理想的生产性能和产品品质的目的。

一、饲料学实验实训的性质与任务

饲料学是发展畜牧业、推动动物生产不断发展的理论与技术基础。饲料学运用现代生物科学和农业科学先进技术和成果,揭示饲料养分饲用价值及其对动物的生理功能,为畜牧生产提供优质、高效、安全、符合现代环保要求的配合饲料,以提高畜禽的生产性能和保证畜产品质量。

(1)掌握常用饲料原料的感官和显微镜检测技术、饲料级鱼粉中掺杂掺假的检验方法、黄曲霉毒素的快速定性测定,大豆、油脂、青贮饲料等的品质鉴定、饲料的纤维成分和酸结合力的测定、近红外技术测定饲料中的养分等,最终达到能对饲料原料及成品进行鉴定,以培养学生在动物营养与饲料科学方面的科学素养和知识应用能力。

(2)结合理论课程内容,进一步熟悉不同饲料营养价值评定方案的设计,饲料配方设计的手算法、机算法;掌握各种禽畜添加剂预混料、浓缩饲料、全价饲料的配方设计方法和日粮配方的检查方法,熟悉饲料配方软件的运用,最终能为畜牧养殖业生产提供营养方案;同时训练养成实事求是、细致严谨的科学态度和求真务实的工作作风,提升在动物营养和饲料科学方面的科学素养、实践应用和审辨思维能力。

（3）加强学生独立分析问题和解决问题的能力、遵守畜牧业从业人员职业道德规范，培养学生理解农业文明和乡村文化蕴含的优秀思想，具有懂农业、爱农村、爱农民的"三农"情怀，树立生态文明与可持续发展理念。

（4）通过对全球粮食与饲料原料的生产、贸易相关知识的学习和了解，拓展学生的全球视野，关注全球食物安全、营养与人类健康、生态环境安全、可持续发展、畜产品贸易等重大问题。

（5）通过各个项目和任务的团队分工协作，培养学生的沟通交流能力与团队合作精神，树立团队责任意识。

二、饲料养分含量的表示与换算

饲料养分被动物采食后在消化道内经过一系列的消化、吸收与利用，将沉积在动物体内或转化为畜产品，但养分并非全部被动物消化、吸收、利用与转化。不同的饲料，其养分组成不同，在动物体内的利用效果及满足动物需要的程度也不一样，即营养价值不同。饲料营养价值是指饲料养分能够满足动物需要的程度，即饲料本身所含营养物质的数量及其在动物体内的利用效率和饲养效果。

（一）饲料养分含量的常用表示单位

1. 质量分数 (%)

质量分数是最为常用的表示方法，表示饲料中某养分在饲料中的质量百分比，主要表示概略养分、常量元素与氨基酸等的含量。

2. 毫克/千克 (mg/kg)

通常表示微量元素、水溶性维生素等养分，有时也可用微克/千克 (μg/kg) 表示。

3. 国际单位 (IU)

常用以表示脂溶性维生素等在饲料中的含量。

4. 鸡国际单位 (CIU)

如 1 CIU 维生素 D 相当于 0.025 μg 维生素 D_3，1 CIU 泛酸相当于 14 mg 泛酸。

（二）不同含水量基础的饲料养分含量的换算

饲料的含水量不同，其养分含量的表示基础就不同。饲料养分一般用以下三种存在状态来表示。

1. 新鲜基础

新鲜基础有时称为湿重或鲜重。新鲜基础的水分变化很大，不便于进行饲料间的比较。

2. 风干基础

风干基础是指自然存放基础或自然干燥状态，又称风干状态。该状态下饲料水分含量在13%左右，可用来比较不同饲料的养分组成。大多数饲料是以风干状态饲喂动物的。

3. 绝干基础

绝干基础是指完全无水的状态或100%干物质状态。绝干基础在自然条件下不存在，在实践中常将新鲜基础或风干基础下的养分含量换算成绝干基础的养分含量，以便于比较。

三、饲料养分的变异

饲料原料中的养分是动物生存的物质基础，为满足动物对营养物质的需求，必须准确测定饲料的营养成分，为合理利用饲料提供科学依据。饲料的常规营养成分及其微量元素含量，因年份、季节、收获期、品种等不同而有差异，加工、储藏过程也会导致养分含量的改变。

(一)作物的生长条件对饲料营养价值的影响

1. 土壤类型

土壤是决定饲料原料中营养成分含量的重要因素，土壤中某种成分缺乏或过剩，将直接影响饲料原料中的营养成分含量。王浩等(2006)研究表明，不同土壤类型的小麦蛋白质含量大小顺序表现为河潮土>棕壤土>潮土>砂姜黑土>褐土。庞冰(2011)对5种不同土壤类型的饲用早稻的蛋白质含量进行了测定，结果表明，不同土壤类型的饲用早稻蛋白质含量差异较大，其中以灰黄泥类型的早稻蛋白含量最高，为12.2%，中性紫泥的最低，仅9.7%。王秋菊(2011)研究表明，黑龙江省不同土壤类型中的铜、锰、铁、锌含量与水稻籽粒中各微量元素含量呈极显著正相关。梁婵等(2019)将四川、云南和西藏地区主要能量饲料原料的概略养分含量测定值与数据库推荐值的比较(风干基础)结果见表1-1。

表1-1 四川、云南和西藏地区主要能量饲料原料的概略养分含量与数据库推荐值的比较

项目	玉米			小麦			稻谷			小麦麸		
	推荐值	测定值	差值	推荐值	测定值	差值	推荐值	测定值	差值	推荐值	测定值	差值
水分/%	14.0	7.60	-6.4	12.0	7.20	-4.8	14.0	6.68	-7.32	13.0	4.50	-8.5
粗蛋白/%	8.7	8.88	0.2	13.4	11.67	-1.7	7.8	5.46	-2.34	15.7	15.15	-0.5
粗脂肪/%	3.6	4.09	0.5	1.7	1.76	0.1	1.6	2.21	0.61	3.9	3.18	-0.7
粗纤维/%	1.6	2.61	1.0	1.9	2.33	0.4	8.2	12.34	4.14	6.5	8.31	1.8
粗灰分/%	1.4	1.3	-0.1	1.9	1.64	-0.3	4.6	4.49	-0.11	4.9	4.59	-0.3
无氮浸出物/%	70.7	75.51	4.8	69.1	75.39	6.3	63.8	68.83	5.03	56.0	64.29	8.3

注：推荐值数据来源于《中国饲料成分及营养价值表》(2018年第29版)；测定值为四川、云南、西藏3个地区各饲料原料概略养分含量的平均值；差值＝测定值-推荐值。

2. 原料品种

饲料原料中营养成分含量受其品种、遗传等因素的影响,原料品种不同,农作物营养成分也就不同。姚豪颖叶等(2015)研究13种不同品种青稞原料营养成分含量,结果表明不同产地不同品种中的蛋白质、灰分、脂肪等成分均有所差异。张沛敏(2016)研究6个不同品种鲜食玉米的营养成分,结果表明,鲜食玉米含粗脂肪6.17%~13.63%、蛋白质9.57%~15.30%、淀粉58.90%~69.52%,说明鲜食玉米不同品种的营养成分之间存在较大差异。Benefield等(2006)研究表明,两品种的全株青贮玉米的粗蛋白、中性洗涤纤维(NDF)和酸性洗涤纤维(ADF)含量有明显差异。

3. 季节的影响

梁建勇等(2015)对甘南高寒牧区不同类型草地牧草营养品质进行了测定。高寒草地6月牧草中粗蛋白含量较高,以后随着生育期的推移其含量逐渐下降,10月牧草枯黄期降到最低;而ADF和NDF随着牧草生育期的推移表现为先降低后升高的变化趋势,尤其到8月以后,气温降低,牧草开始枯黄,木质化程度增加,品质下降。赵彦光等(2012)评价了云贵高原石漠化地区2个人工草场牧草的营养价值,永善试验地10月牧草中的干物质、粗蛋白、粗脂肪、粗灰分、粗纤维及无氮浸出物的含量均比7月大。郭春华等(2007)对那曲地区(现那曲市)尼玛县高寒草地不同月份围栏内和围栏外牧草矿物元素(Ca、P、K、Mg、Cu、Zn)含量进行测定,结果表明,同月份围栏内与围栏外的矿物元素含量差异不显著,但不同季节的差异很大,夏秋季牧草中Ca、P、Cu、Zn的含量高于冬春季。

4. 施肥的影响

磷肥能促进籽粒蛋白质积累而增加籽粒蛋白质含量(唐湘如,2002),且随着施磷量的增加,籽粒中蛋白质含量明显提高(Jain R C,1984,1990)。南镇武(2015)研究结果表明,随施氮量的增加,小麦籽粒蛋白质和氨基酸含量上升,而淀粉和粗脂肪含量下降。郭孝(2013)研究结果表明,施硒肥570~765 g/hm²,能显著提高裸燕麦果实中的粗蛋白含量,降低粗纤维的含量。

(二)储存过程对饲料营养价值的影响

1. 呼吸和陈化作用

谷物籽实(谷实)自身的脂肪分解酶、蛋白酶和淀粉分解酶等多种酶类在谷物籽实长期储藏后依然保持活性,在储藏过程中会发生一系列酶促反应和非酶反应。酶促反应和非酶反应使谷物籽实的化学组成和结构发生变化,从而影响其营养价值。研究表明,温度的高低与呼吸作用密切相关,一般温度达15~18 ℃时,谷实类呼吸作用开始加强;陈化速度除与品种、储藏时间有关外,还与环境温度、湿度、氧气含量有关。谷实类储藏的适宜温度应控制在15~18 ℃以下。

2. 霉变

霉变不仅会造成饲料营养价值的降低,产生的霉菌毒素还对动物产生毒害作用。侵害饲料微生物的种类主要有真菌、细菌,危害饲料最严重的是曲霉属(白曲霉、黄曲霉、土曲霉、灰曲霉及烟曲霉等)和青霉属(黄青霉、黄绿青霉、紫青霉、赤青霉、桔青霉、岛青霉等);引起饲料霉变的孢霉菌自身可分泌多种酶类而分解饲料养分,供其生长繁殖,同时释放出热量,可使含水18%的小麦、大麦、燕麦料温迅速从17 ℃上升到43 ℃。料温的升高加速霉菌的生长繁殖和饲料的呼吸、陈化作用,造成大量营养物质的损失。污染饲料的细菌株以沙门氏菌为主,被沙门氏菌菌株污染的饲料与正常饲料相比,在外观、气味等方面无特异表现。

3. 虫害、鼠害

虫害能损伤谷实类原料的外皮层,使大量营养物质渗出,在适宜温度条件下,随着昆虫的迅速繁殖,还会使储藏原料产热,导致料温升高、结块,为霉菌繁殖创造条件。另外,害虫还能传播携带微生物,通过粪便、结网、身体脱落的皮屑、怪味等污染饲料。对饲料储藏危害较大的害虫有象鼻虫、谷蠹、谷斑皮蠹、锯谷盗、黄粉虫、豆象、象蛾及蟑螂等。鼠的繁殖能力强,易在储藏饲料内垒窝生存,不但食用饲料而造成大量的饲料消耗和损害,还会通过排泄物及其携带的微生物污染饲料。

(三)原料加工对饲料营养价值的影响

饲料加工方法包括物理加工(如筛选、分离、稀释、粉碎、加热、加压、吸附等)、化学加工(如酸、碱处理)和生物学方法等。从饲料工业的发展来看,饲料加工工艺经历了从简单粉碎、人工混合、机械混合、冷压制粒、蒸汽制粒、挤压和膨化加工的变化,而且粉碎、混合制粒、膨化等工艺参数等都在不断改进中。合理的饲料加工可破坏植物细胞壁,钝化抗营养因子,改善饲料的适口性,提高养分的消化利用率。

1. 粉碎对饲料养分利用率的影响

一定的粉碎粒径,可提高饲料养分的利用率。实验表明,当玉米粉碎的平均粒径从900 μm降至500 μm时,断奶仔猪对饲料中的氮、干物质和总能的表观消化率分别提高了4.6%、1.6%和2.0%。但是并非粉碎物料的粒度越细越好,过细易增大能耗,过多微尘还易引起畜禽呼吸道和消化道疾病。

2. 混合对饲料营养价值的影响

饲料的混合均匀度会影响饲料的消化率和动物的生产性能。研究表明,随着饲料混合均匀度的提高,仔猪的生产性能得到改善。

3. 制粒对饲料营养价值的影响

(1)制粒过程中淀粉的变化。在水分和温度的作用下,淀粉颗粒吸水膨胀,直至破裂,成为黏性很大的糊状物,这种现象称为淀粉糊化。制粒后饲料中淀粉的糊化度为20%~50%。对水产饲料来说,通过制粒前的多道调制,使加热时间延长,可使淀粉糊化度达45%~65%。制粒后熟化处理,则可使糊化度达50%~75%。一般而言,淀粉糊化度随热处理时间的延长而提高,提高淀粉糊化度可改善动物对淀粉的消化利用率。

(2)制粒对蛋白质的影响。蛋白质受热时,使氢键和其他次级键遭到破坏,引起蛋白质空间构象发生变化,使蛋白质变性。蛋白质的热变性与温度和时间成正比。

(3)饲料制粒过程对脂肪的影响。适度的热处理可使饲料存在的解脂酶和促氧化酶失活,从而提高脂肪的稳定性;但过度的热处理易造成脂肪酸败,降低脂肪的营养价值。

(4)制粒处理对纤维素的影响。制粒处理对纤维素的影响甚微,加热和摩擦作用可使饲料中的纤维素结构部分破坏而提高其利用率。

(5)制粒对饲料维生素的影响。部分维生素因热稳定性较差,在制粒过程中极易损失。增加调制时间和提高温度对维生素的存留是极为不利的,特别是维生素A、维生素E、盐酸硫胺素、维生素C等,随温度的升高和时间的延长其活性显著下降。因此,制粒饲料中应选择稳定化处理的维生素原料。

(6)制粒对饲料添加剂的影响。酶制剂、微生物添加剂以及大部分抗生素均属生物制品,高温对其生物活性的影响极大;制粒过程为高温、高湿和压力的综合作用,对生物制品活性的破坏更强。

①对饲用酶制剂的影响:在饲料中应用的酶主要有淀粉酶、蛋白酶、β-葡聚糖酶、戊聚糖酶、纤维素酶和植酸酶等。当制粒温度低于80℃时,纤维素酶、淀粉酶和戊聚糖酶的活性损失不大,但当温度达90℃时,纤维素酶、真菌类淀粉酶和戊聚糖酶活性损失率达90%以上,细菌类淀粉酶损失20%左右。当制粒温度超过80℃时,植酸酶活性损失率达87.5%。摩擦力增加,使植酸酶损失率增加,模孔孔径为2 mm的压模制粒时,植酸酶损失率高于孔径为4 mm的压模。高温对酶制剂活性的影响极大。

②对微生物制剂的影响:饲料中应用的微生物添加剂主要有乳酸杆菌、链球菌、芽孢杆菌和酵母,大多数微生物对高温尤为敏感,当制粒温度大于85℃时,不耐热的所有微生物的活性丧失。能耐受饲料工业调质制粒条件的功能性芽孢菌类,如耐高温的凝结芽孢杆菌在畜牧、水产、医药、食品等行业具有广泛的市场应用前景。

(7)制粒对饲料中有害物质的影响。制粒温热处理可使饲料中的一些抗营养因子和有害微生物失活。经制粒处理后,大豆中的胰蛋白酶抑制因子由27.36 mg/g降至14.30 mg/g,失活率达47.7%;制粒过程的湿热作用可有效灭活各种有害菌,采用巴氏灭菌调制处理后制粒,使大肠杆菌、非乳酸发酵菌全部灭活。

(四)膨化对饲料营养价值的影响

膨化是一种高温、短时加工过程,与制粒相比,具有时间短(15 s左右)、温度高(120~170 ℃)、压力大(2.94~19.71 MPa)等显著特点。

1. 蛋白质的变化

挤压膨化过程中,在高温和挤压内剪切力的作用下,蛋白质稳定的三级和四级结构被破坏,使蛋白质变性,蛋白质充分伸展,包藏的氨基酸残基暴露出来,可与糖类和其他成分发生反应,同时疏水基团的暴露,降低了蛋白质在水中的溶解性,有利于酶对蛋白质的进一步消化,从而提高蛋白质的消化率。但在挤压过程中蛋白质的变性,常伴随着某些氨基酸的变化,如赖氨酸和糖类发生美拉德反应而降低其利用率。此外,氨基酸之间也存在交联反应,如赖氨酸和谷氨酸之间的交联反应等,都将降低氨基酸的利用率。

2. 淀粉的变化

挤压膨化的高温湿热作用,有利于淀粉的糊化。通过膨化,淀粉糊化度可达60%~80%。淀粉糊化后增加了与消化酶接触的机会,提高了淀粉的消化率。

3. 对纤维素的影响

挤压膨化可破坏纤维素的大颗粒结构,使水溶性纤维含量提高,从而提高纤维素的消化率。但膨化操作条件不同,对纤维素的影响亦不同,温度低于120 ℃时则难以改善纤维素的利用率,高温、高水分膨化将有利于改善纤维素的利用率。

4. 对脂肪的影响

在挤压膨化过程中,随挤压温度(115~175 ℃)的升高,类脂的稳定性下降,随挤压时间的延长及水分的增加,脂肪氧化程度升高。经膨化后,可使饲料中的脂肪酶类完全失活,有利于提高饲料的储藏稳定性。

5. 维生素的损失

维生素在挤压膨化过程中所受的温度、压力、水分和摩擦等作用比制粒过程更高、更强,维生素损失量随上述因素的加强而增加。维生素A、维生素K_3、维生素B_1和维生素C在149 ℃挤压0.5 min时,分别损失12%、50%、13%和43%;当挤压温度为200 ℃时,维生素A的损失率达62%,维生素E的损失率高达90%。维生素可采用膨化后喷涂添加等方法。

6. 对饲料添加剂的影响

挤压膨化对抗生素、酶制剂等饲料添加剂的影响少有报道。由于其操作条件比制粒更为强烈,因此,对这类饲料添加剂的影响远大于制粒。目前,许多饲料添加剂都采用膨化后喷涂的方法添加。

7. 饲料的物理性变化

饲料经挤压膨化后,除养分发生一系列的化学变化外,还可通过改变挤压机的成型模板,生产出各种形状和特性要求的产品,产品的特性主要有密度、水分含量、强度、质地、色泽、大小和感官形状等物理性状。改变挤压操作条件,可分别生产出密度为 0.32 ~ 0.40 kg/m³ 的浮性水产饲料和 0.45 ~ 0.55 kg/m³ 的沉性水产饲料。对一些宠物饲料,则可根据要求生产出骨头形状、波纹状、条状和棒状等外形产品。

8. 膨化时饲料中有害物质和有害微生物的影响

(1)有害物质的消除。膨化能显著地消除大豆中的抗营养因子和有害物。在水分为 20%、149 ℃ 下膨化 1.25 min,可使 98% 的大豆胰蛋白酶抑制因子失活。湿法膨化可使大豆中的抗营养因子活性大幅度下降,使抗原活性全部丧失;膨化可使豆类中的凝集素活性全部被破坏。

(2)有害微生物的膨化消除。有关挤压膨化加工对饲料中有害微生物的影响鲜见报道,但一般认为,膨化可杀死全部有害微生物,如大肠杆菌、沙门氏菌和霉菌,饲料经 125 ℃ 的膨化处理即可完全杀灭各类有害菌。

(五)加工工艺

高温烘干玉米会对淀粉产量、淀粉黏度、玉米颗粒的脆性等产生影响(Gunasekaran 等,1985;Singh 等,1998)。高温处理下玉米的淀粉水解率高于低温处理。Mendoza 等(2010)将含可溶物的干酒糟(DDGS)的粉碎粒度从 716 μm 降低到 434 μm,Liu 等(2012)将 DDGS 的粉碎粒度从 818 μm 降低到 308 μm,能量利用率均得到改善。

大豆加工有机榨(或再浸出)和浸提法两种方法。前者经热榨高温加压,可使大豆中存在的抗胰蛋白酶、脲酶等抗营养物质失活(一般要求胰蛋白酶的破坏不少于 80%),但常因加热过度造成蛋白质变性,降低其生物学价值;后者未经高温,不会导致蛋白质变性,油脂抽提率和豆粕的蛋白质含量较高,但常因加热不够,不能将抗胰蛋白酶等失活,导致对蛋白质消化的抑制。

籽实饲料经合适粉碎后饲喂畜禽,可提高生长速度和饲料效率,但过细反而会降低适口性,还可能会对消化道产生损伤。

(六)掺杂作假

个别的饲料生产者或经营者为获取高额利润常采用以次充好、以假乱真、蓄意混进杂质、故意增减某些成分等掺杂作假方式欺骗用户。如鱼粉可能会用羽毛粉、皮革粉、鱼干粉以及非蛋白氮(尿素)等物质掺假,米糠可能会用稻壳粉或石粉掺假、磷酸氢钙可能用石粉、豆粕(饼)可能用玉米皮饼等方式掺杂作假。掺杂作假不但影响饲料原料质量,也影响配合饲料的质量。因此,在采购饲料原料时必须进行质量检验。

(编写者:兰云贤)

第二部分 基础性实验

第一节　饲料的感官和显微镜检测

实验1

常用饲料原料的感官和显微镜检测

饲料原料中掺入一些无营养价值或者营养价值较低的物质,不仅损害了使用者的利益,而且对动物的营养带来不利的影响。我国于2017年颁布实施国家标准《饲料原料显微镜检查方法》(GB/T 14698—2017),利用饲料原料外观的一些感官特征,以及饲料原料和掺杂物在显微镜下的形态特征,快速评定饲料原料中是否掺杂掺假。

一、实验目的

掌握常用饲料原料的感官和显微镜检测操作技能。

二、实验原理

通过感觉器官(视觉、嗅觉、味觉、触觉)对饲料原料进行一般性外观检测,并借助显微镜扩展的视觉功能,在显微镜下观察饲料原料的外观形态、组织结构、细胞形态及染色特征等,对照标准图谱,对饲料种类和品质进行鉴别和评价。

三、实验材料

1. 仪器名称

体视显微镜(放大 7 ~ 40 倍)、生物显微镜(放大 40 ~ 500 倍)、标准筛(孔径为 2.00 mm、0.84 mm、0.42 mm、0.25 mm、0.177 mm)、放大镜(3 ~ 10 倍)、点滴板(黑色、白色)、培养皿、载玻片、盖玻片、尖头镊子、尖头探针、酒精灯、烘箱、电陶炉,以及实验室其他常用仪器设备等。

2. 试剂名称

三氯甲烷、丙酮、悬浮剂(溶解 10 g 水合氯醛于 10 mL 水中,加入 10 mL 甘油,混匀,储存于棕色瓶中)。

3. 实验样品

玉米粒及玉米粉、小麦、稻谷、大豆、棉籽饼(粕)、菜籽饼(粕)、稻壳粉、麦麸、草粉、米糠饼(粕)、鱼粉、骨粉、血粉、羽毛粉、石粉等各 500 g。

四、实验方法

1. 采集与制备

按照正确的方法采集、制备样品,并保存于磨口广口瓶中,贴好标签,记录好相关信息,置于低温、避光、干燥的环境中待测。

2. 初步观察

取待测样品平铺于纸上或盘中,仔细观察,记录其外观特征,如颜色、粒度、软硬程度、气味、霉变、异物等情况,并与参照样特征进行比较,判断是否存疑。

3. 筛分

称取 100 g 样品,用分级筛进行筛分,并对各级组分分别进行观察检测。

4. 预处理

(1)粉状饲料:可不经制备而直接用作进一步分析。

(2)颗粒或团粒饲料:需要用研钵磨碎后再观察。具体做法:取几粒于研钵中,用研杵碾压使其分散成各种组分,但不要让组分本身研碎。初步研碎后过孔径为 0.42 mm 的分级筛,以便进一步分析。

(3)脱脂:由于高脂含量样品的脂肪溢于样品表面,往往会黏附上一些细粉,影响观察,可用三氯甲烷等有机溶剂脱脂后再观察。具体做法:取约 10 g 样品于高型烧杯中,加入约 90 mL三氯甲烷(通风橱中进行),充分搅拌,静置,过滤,滤渣置于室温条件下晾干、筛分。

(4)脱糖:含糖高,尤其是有糖蜜而形成团块结构或模糊不清的样品,应使用丙酮进行脱糖处理后再观察。具体做法:取约 10 g 样品于高型烧杯中,加入约 75 mL 丙酮(通风橱中进行),充分搅拌,静置,过滤,滤渣置于室温条件下晾干、筛分。

5. 体视显微镜检查

将准备好的各部分样品分别放在培养皿中,置于体视显微镜下进行观察,观察时应遵循从低倍到高倍、从上到下、从左到右的顺序,先粗粒,后细粒,逐粒观察,边观察边用尖头镊子拨动、翻转,并用尖头探针触探各种样品颗粒,仔细检查培养皿中的每一组分,并做好记录。

初检后再复检一遍,如果形态特征不足以鉴定,可以进一步借用生物显微镜观察组织学特征和细胞排列情况,或者借助快速化学点滴试验,以便做出最准确的鉴定结果。

6. 生物显微镜检查

将体视显微镜下不能鉴定或难以鉴定的样品颗粒,或不同层筛面上以及筛底的样品,置于载玻片上,加 2 滴悬浮剂,用尖头探针搅拌分散,浸透均匀,铺平并力求薄而均匀,盖上盖玻片,然后置于生物显微镜下进行观察。观察时应遵循从低倍到高倍、从上到下、从左到右的顺序,逐粒观察,对照标准图谱和参照样品,并做出判断。

饲料显微镜镜检基本步骤如图 1-1 所示。

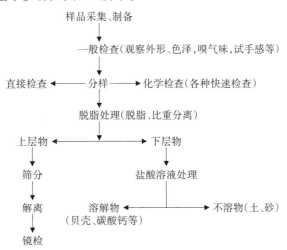

图 1-1 饲料显微镜镜检基本步骤示意图

五、实验结果

1. 实验结果及分析

(1)描述 2～3 种植物源性饲料原料的镜下特征。

(2)描述 2～3 种动物源性饲料原料的镜下特征。

(3)将植物源性饲料原料的镜下特征与其标准图谱或标准品的特征进行反复比较,评价所需鉴别的饲料原料。

（4）将动物源性饲料原料的镜下特征与其标准图谱或标准品的特征进行反复比较,评价所需鉴别的饲料原料。

2. 注意事项

（1）每种饲料原料至少观察三张样片。

（2）鉴别时还可辅以感官鉴别法、比重法、筛分法、容重法以及化学点滴试验等。

（3）感官鉴别时不得误尝对人体有毒有害的物质。

（4）对饲料样品进行脱脂、脱糖预处理时,必须在通风橱中进行。

（5）体视显微镜载物台的衬板选择要考虑被检样品的颜色,观察深色样品用白色衬板,观察浅色样品用黑色衬板。

（6）在体视显微镜观察时,对不是样品所标示的物质,量小的为杂质(参照国家标准规定的饲料含杂质允许量),量大的为掺杂物,应特别注意有害物质。

六、思考题

（1）对饲料原料进行感官鉴别和显微镜检测有什么意义?

（2）如何对植物源性、动物源性饲料原料的外观及显微特征进行鉴别?

七、思考拓展

如何将显微镜检测与物理鉴别法的其他方法和快速化学点滴试验相结合,提高显微镜检测的效果?

【实验拓展】

常见饲料原料的外观及显微特征

1. 常见植物源性饲料原料

（1）玉米及其制品

整粒玉米形似牙齿,黄色或白色,主要由种皮、胚乳、胚芽三部分组成,胚乳包括糊粉层、角质淀粉和粉质淀粉。

体视镜下观察,粉碎的玉米表皮薄而半透明,略有光泽,呈不规则片状,较硬,其上有较细的条纹。角质淀粉为黄色(白玉米为白色),多边,有棱,有光泽,较硬;粉质淀粉为疏松、不定形颗粒,白色,易破裂,许多粉质淀粉颗粒和糊粉层的细小粉末常黏附于角质淀粉颗粒和种皮表面,另外还可见到漏斗状帽盖和质轻而薄的红色片状颖花。

生物镜下观察,可见玉米表皮细胞,长形,壁厚,相互连接排列紧密,如链珠状。角质淀粉的淀粉粒为多角形;粉质淀粉的淀粉粒为圆形,多成对排列。每个淀粉粒中央有一个清晰的脐点,脐点中心向外有放射性裂纹。

（2）小麦及其制品

整粒小麦为椭圆形,浅黄色至黄褐色,略有光泽,在其腹面有一条较深的腹沟,背部有许多细微的波状皱纹,主要由种皮、胚乳、胚芽三部分组成。小麦麸皮多为片状结构,其大小、形状随制粉程度不同而不同,通常可分为大片麸皮和小片麸皮。

体视镜下观察:大片麸皮片状结构大,表面上保留有小麦粒的光泽和细微横向纵纹,略有卷曲,麸皮内表面附有许多淀粉颗粒。小片麸皮片状结构小,淀粉含量高。小麦的胚芽扁平,浅黄色,含有油脂,粉碎时易分离出来。

高倍镜下可见小麦麸皮由多层组成,具有链珠状的细胞壁,仅一层管状细胞,在管细胞上整齐地排列着一层横纹细胞,链珠状的细胞壁清晰可见,小麦淀粉颗粒较大,直径达 $30\sim40~\mu m$,圆形,有时可见双凸透镜状,没有明显的脐点。

（3）高粱及其制品

整粒高粱为卵圆形至圆形,端部不尖锐,在胚芽端有一个颜色加深的小点,从小点向四周颜色由深至浅,同时有向外的放射状细条纹。高粱外观色彩斑驳,由棕色、浅红棕色至黄白色等多色混杂,外壳有较强的光泽。

体视镜下观察,可见皮层紧紧附在角质淀粉上,粉碎物粒度大小参差不齐,呈圆形或不规则形状,颜色因品种而异,可为白色、红褐色和淡黄色等。角质淀粉表面粗糙,不透明;粉质淀粉色白,有光泽,呈粉状。

高倍镜下观察,高粱种皮色彩丰富,细胞内充满了红色、橘红、粉红和黄的色素颗粒,淡红棕色的色素颗粒常占优势。高粱的淀粉颗粒与玉米淀粉颗粒极为相似,为多边形,中心有明显的脐点,并向外呈放射状裂纹。

（4）稻谷及其制品

整粒稻谷由内颖、外颖(或仅有内颖)、种皮、胚乳和胚芽构成,长形,外表粗糙,其上有刚毛,颜色由浅黄色至金黄色。稻谷粉碎后用作饲料的主要有粗糠(统糠)、米糠和碎米。粗糠主要是稻壳的粉碎物。米糠是一层种皮,由于稻谷的种皮包裹在胚乳、胚芽之外不易脱落,因此在米糠中常有许多碎米。

体视镜下观察,稻谷壳呈较规则的长形块状,一些交错的纹理凹陷使得突起部分呈棋格状排列,并闪着光泽,如珍珠亮点,可见刚毛。

米糠为无色透明、柔软、含油脂或不含油脂(全脂米糠或脱脂米糠)的薄片状结构,其中还有一些碎小的稻壳,碎米粒较小,具有剔透晶莹之感。

高倍镜下可见管细胞上纵向排列的弯曲细胞,细胞壁较厚。这种特有的细胞排列方式是稻谷壳在生物镜下的主要特征。

生物镜下观察,米糠的细胞非常小,细胞壁薄而呈波纹状,略有规律的细胞排列形式似筛格状。米粒的淀粉粒小,呈圆形,有脐点,常聚集成团。

（5）大豆饼（粕）

大豆饼（粕）主要由种皮、种脐和子叶组成。

体视镜下观察，可见明显的大块种皮和种脐，种皮表面光滑，坚硬且脆，向内面卷曲。在20倍放大条件下，种皮外表面可见明显的凹痕和针状小孔，内表面为白色多孔海绵状组织；种脐明显，长椭圆形，有棕色、黑色、黄色。浸出粒中子叶颗粒大小较均匀，形状不规则，边缘锋利，硬而脆，无光泽，不透明，呈奶油色或黄褐色。豆饼粉碎后的粉碎物中子叶因挤压而成团，近圆形，边缘浑圆，质地粗糙，其颜色呈外深内浅。

高倍镜下观察，大豆种皮是大豆饼（粕）的主要鉴定特征。处理后的大豆种皮表面可见多个凹陷的小点及向四周呈现的辐射状裂纹，犹如一朵朵小花，同时还可见表面的"工"字形细胞。

（6）花生饼（粕）

以碎花生仁为主，但仍有不少花生种皮、果皮存在。

体视镜下观察，能找到破碎外壳上的成束纤维脊，或粗糙的网络状纤维，还可见白色柔软有光泽的小块。种皮非常薄，呈粉红色、红色或深紫色，并有纹理，常附着在籽仁的碎块上。

生物镜下观察，花生壳上交错排列的纤维更加明显，内果皮带有小孔，中果皮为薄壁组织，种皮的表皮细胞有四至五个边的厚壁，壁上有孔，由正面观可看到细胞壁上有许多指状突起物。籽仁细胞大，壁多孔，含油滴。

（7）棉籽饼（粕）

主要由棉籽仁、少量的棉籽壳、棉纤维构成。

体视镜下观察，可见棉籽壳和短绒毛黏附在棉籽仁颗粒中，棉纤维中空、扁平、卷曲；棉籽壳呈略凹陷的块状物，呈弧形弯曲，壳厚，棕色至红棕色。棉籽仁碎粒为黄色或黄褐色，含有许多黑色或红褐色的棉酚色素腺。压榨棉籽时常将棉籽仁碎片和外壳压在一起，看起来颜色较暗，每一碎片的结构难以看清。

生物镜下观察，可见棉籽种皮细胞壁厚，似纤维，带状，呈不规则弯曲，细胞空腔较小，多个相邻细胞排列呈花瓣状。

（8）菜籽饼（粕）

体视镜下观察，菜籽饼（粕）中的种皮为主要的鉴定特征。一般为很薄的小块状，扁平，单一层，黄褐色至红棕色。表面有光泽，可见凹陷刻窝。种皮和籽仁碎片不连在一起，易碎。种皮内表面有柔弱的半透明白色薄片附着。子叶为不规则小碎片，黄色无光泽，质脆。

生物镜下观察，最典型的特征是种皮上的栅栏细胞，有褐色色素，为 4～5 边形，细胞壁深褐色，壁厚，有宽大的细胞内腔，其直径超过细胞壁宽度；从表面观察，这些栅栏细胞在形状、大小上都较近似，相邻两细胞间总以较长的一边相对排列，细胞间连接紧密。

（9）向日葵饼（粕）

向日葵饼（粕）中存在未除净的葵花壳是其主要的鉴别特征。向日葵粕为灰白色，壳多为白色，其上有黑色条纹，通常较坚韧，呈长条形，断面呈锯齿状。籽仁的粒度小，形状不规则，黄褐色或灰褐色，无光泽。

高倍镜下观察:种皮表皮细胞长,有"工"字形细胞壁,可见双毛(两根毛从同一个细胞长出)。

2.常见动物源性饲料原料

（1）鱼粉

鱼粉通常是将鱼加压、蒸煮、干燥并粉碎加工而成的,多呈棕黄色至黄褐色,粉状或颗粒状,有烤鱼香味。

体视镜下观察:鱼肉颗粒较大,表面粗糙,用尖头镊子触之有纤维状破裂,有的鱼肌纤维呈短断片状。鱼骨是鱼粉鉴定中的重要依据,多为半透明或不透明的碎片,仔细观察可找到鱼体各部位的鱼骨,如鱼刺、鱼脊、鱼头等。鱼眼球为乳白色玻璃球状物,较硬。鱼鳞呈一种薄平而卷曲的片状物,半透明,有圆心环纹。

（2）虾壳粉

虾壳粉是对虾或虾壳脱水干燥加工而成的。

在显微镜下的主要特征是触须、虾壳及复眼。虾触须以片段存在,呈长管状,常有4个环节相连。虾壳薄而透明。头部的壳片厚而不透明,壳表面有平行线,中间有横纹,部分壳有"十"字形线或玫瑰花形线纹。虾眼为复眼,多为皱缩的小片,深紫色或黑色,表面有横影线。

（3）蟹壳粉

蟹壳粉的鉴别主要依据蟹壳在体视镜下的特征。蟹壳为无规则的小几丁质壳形状,壳外表多为橘红色,而且多孔,有时蟹壳可破裂成薄层,边缘较卷曲,褐色如表皮。在蟹壳粉中常可见到断裂的蟹螯枝端部。

（4）贝壳粉

体视镜下观察:贝壳粉多为小的颗粒状物,质硬,表面光滑,多为白色至灰色,色泽暗淡,有些颗粒的外表面具有同心或平行的线纹。

（5）骨粉及肉骨粉

在肉骨粉中肉的含量一般较少,颗粒具油腻感,浅黄色至深褐色,粗糙,可见肌纤维。骨为不定形块状,一般较鱼骨、禽骨大,边缘浑圆,灰白色,具有明显的松质骨,不透明。肉骨粉及骨粉中通常有动物毛发,长而稍卷曲,黑色或灰白色。

（6）血粉

喷雾干燥的血粉多为血红色小珠状,晶亮;滚筒干燥的血粉为边缘锐利的块状,深红色,厚的地方为黑色,薄的地方为血红色,透明,其上可见小血细胞亮点。

（7）水解羽毛粉

水解羽毛粉多呈碎玻璃状或松香状的小块状。透明易碎,浅灰色、黄褐色至黑色,断裂时常呈扇状边缘。在水解羽毛粉中仍可找到未完全水解的羽毛残枝。

（编写者:邰秀林）

第二节　饲料中尿素氮及氨态氮的测定

饲料中的含氮物质除蛋白质外,还有非蛋白质含氮化合物,如氨、游离氨基酸、胺盐、酰胺、硝酸盐、生物碱、肽、尿素等。尿素是动物蛋白质补充料中应用的主要非蛋白氮物质,一方面可以补充蛋白质饲料的不足,另一方面还能减少鱼粉等蛋白质类饲料的使用量,降低饲养成本,一般主要将其用于反刍动物的养殖,且有严格的剂量添加要求。当家畜采食过量尿素后,因尿素分解成氨的速度大于氨被合成菌体蛋白的速度,并超过肝脏的解毒能力时,过量的氨进入血液、肝脏,使血氨浓度升高而侵害神经系统,就会发生尿素中毒。正常的饲料中一般不含尿素氮和氨态氮,但在饲料加工储藏过程中,由于蛋白质的分解可产生大量的氨态氮,因此,饲料中有无氨态氮和尿素氮以及含量的多少是衡量饲料品质的重要指标。

实验 2

饲料中尿素含量的测定

目前我国非蛋白氮饲料生产、经营、使用等方面的管理水平较低,存在安全隐患,再加上近年来饲料产品生产与经营中掺杂掺假、以假充真、以次充好的现象相当严重,政府饲料管理和检测部门应加大对饲料产品市场中非蛋白氮动物源性饲料的监督抽查力度。在反刍动物饲粮中添加尿素也需要做定量分析,目前国内无统一的样品前处理方法。一般每日每头成年牛饲喂量最多不超过100 g,每日每只成年羊饲喂量不超过10 g。

一、实验目的

掌握采用《饲料中尿素含量的测定》(GB/T 36859—2018)比色法测定饲料中尿素含量的操作技能。

二、实验原理

用水提取试样中的尿素,经过脱色、沉淀蛋白后,与对二甲氨基苯甲醛(DMAB)发生反应,在乙醇和酸性条件下,生成黄色复合物,并在420 nm波长下测定其吸光度,该吸光度与尿素浓度呈线性关系,通过标准曲线则可计算出试样中尿素的含量。

三、实验材料

1. 实验仪器

分光光度计(配备 10 mm、30 mm 比色皿)、粉碎机、分析天平(感量 0.1 mg)、振荡器、容量瓶(25 mL、100 mL、500 mL、1 000 mL)、微量移液器(量程 1~5 mL)、移液管(10 mL)、长颈漏斗、量筒或量杯(5 mL、10 mL)等。

2. 实验试剂

(1)DMAB 溶液:称取 1.6 g DMAB 溶于 100 mL 的无水乙醇中,加入 10 mL 盐酸,混合均匀,储存于棕色试剂瓶中,常温下有效期为 2 周。

(2)乙酸锌溶液:称取 22.0 g 乙酸锌溶解于水中,加入 3 mL 冰乙酸,用蒸馏水稀释至 100 mL,混合均匀。

(3)亚铁氰化钾溶液:称取 10.6 g 亚铁氰化钾溶解于水中,加蒸馏水稀释至 100 mL,混合均匀。

(4)磷酸盐缓冲溶液(pH 7.0):将 3.403 g 无水磷酸二氢钾和 4.355 g 无水磷酸氢二钾分别溶解于约 100 mL 煮沸并冷却的蒸馏水中,合并此溶液用蒸馏水稀释至 1 000 mL。

(5)活性炭(化学纯或分析纯)。

(6)尿素标准溶液。

①储备液(尿素浓度为 10 mg/mL)。准确称取 5.000 0(±0.000 1)g 尿素,加水溶解,并稀释至 500 mL。

②工作液(尿素浓度为 1.0 mg/mL)。临用时准确吸取 10.0 mL 尿素标准储备液,用蒸馏水定容至 100 mL。

3. 实验样品

反刍动物(牛或羊)饲料。

四、实验方法

1. 试样溶液制备

精确称取粉碎至 40 目的样品 1 g 左右,置于 100 mL 容量瓶中,加入 1 g 活性炭,加蒸馏水约 70 mL,摇匀,放置 10 min,再分别加入 5 mL 乙酸锌溶液和 5 mL 亚铁氰化钾溶液,充分振荡 30 min,用蒸馏水定容至 100 mL,摇匀,静置 10 min,用中速滤纸过滤,收集滤液备用,同时做试样提取溶液的试剂空白。

2. 标准曲线绘制

准确吸取浓度为 1.0 mg/mL 的尿素标准溶液 0.0 mL、0.2 mL、0.4 mL、0.6 mL、0.8 mL、1.0 mL、2.0 mL、5.0 mL(含尿素 0 mg、0.20 mg、0.40 mg、0.60 mg、0.80 mg、1.00 mg、2.00 mg、5.00 mg),分别

置于25 mL容量瓶中,准确加入5 mL磷酸盐缓冲液,立即加入5 mL DMAB溶液,用蒸馏水定容至25 mL,摇匀,室温下放置20 min;以0 mL标准工作液(试剂空白)为参比,在420 nm波长下,测定吸光度,以吸光度为纵坐标、尿素含量为横坐标绘制标准曲线。

3. 试样测定

准确吸取试样溶液5~10 mL于25 mL容量瓶中,加入5 mL磷酸盐缓冲液和5 mLDMAB溶液,用蒸馏水定容至25 mL,摇匀,室温下放置20 min。以不含试样滤液的试剂空白为参比,在420 nm波长下,对试样溶液和试剂空白进行比色测定,测得试样溶液及试剂空白的吸光度,在标准曲线上查得其尿素含量,通过计算,即可得到试样的尿素含量。

五、实验结果

1. 计算公式

试样中尿素的含量ω以质量分数计,按照下式进行计算。

$$\omega = \frac{(m_1 - m_2) \times V}{m \times V_1 \times 10}$$

式中:ω—样品中尿素含量,%;

m_1—从标准曲线上查得的试样尿素含量,mg;

m_2—从标准曲线上查得的试样提取溶液试剂空白的尿素含量,mg;

m—称取的试样质量,g;

V—试样提取液的定容体积,mL;

V_1—测定时移取试样提取液的体积,mL。

2. 重复性

每个试样取两份平行样进行测定,以其算术平均值为测定结果,计算结果保留两位有效数字。在重复性条件下,当试样中尿素含量在1%以下时,两个测定结果的绝对差值不得超过算术平均值的10%;尿素含量在1%以上时,两个测定结果的绝对差值不得超过算术平均值的5%。

3. 注意事项

(1)本方法适用于饲料原料、精料补充料、配合饲料、浓缩饲料中尿素的测定,定量限为0.20%。

(2)饲料的采集按国标的规定采取具有代表性的样品,并按国标法进行制备。

(3)收集滤液时,如滤液仍有颜色,应重新称取试样,增加活性炭用量,按上述方法重新振荡后提取,直至滤液无色。

(4)DMAB是显色试剂,必须密闭避光室温保存,否则易变质,变成黄色,干扰测定。

（5）测定时,应尽量按照实验规程按时操作,避免由于暴露在空气中引起显色剂颜色变化而引起误差。

六、思考题

测定饲料中尿素含量的意义是什么？如何准确测定？

七、思考拓展

目前国际国内测定饲料中尿素含量的测定方法有哪些?

（编写者:邰秀林）

实验 3

饲料中挥发性盐基氮的测定

挥发性盐基氮(VBN)是指动物性饲料在酶和细菌的作用下,在腐败过程中蛋白质分解而产生的氨以及胺类等碱性含氮物质。这类物质易和有机酸形成盐,具有挥发性,其含量越高,表明氨基酸,特别是蛋氨酸和酪氨酸被破坏得越多,营养价值等受到的影响也就越大,它是反映动物原料新鲜程度的重要指标。目前,我国已规定了多种饲料产品的VBN最高限量值,例如鱼粉为150 mg/100 g,饲料用骨粉及肉骨粉为170 mg/100 g等。

一、实验目的

掌握《饲料中挥发性盐基氮的测定》(GB/T 32141—2015)的测定方法,能评价动物源性饲料的新鲜度。

二、实验原理

由于动物源性饲料产品富含蛋白质,在酶和细菌的作用下,易使蛋白质腐败分解产生氨及胺类等碱性含氮物质,而这类物质具有挥发性,用凯式定氮法在碱性溶液中蒸出后,用硼酸溶液吸收,再用标准盐酸溶液滴定,即可计算其含量。

三、实验材料

1. 实验仪器

凯氏蒸馏装置(半微量蒸馏式)、微量酸式滴定管(最小分度值为0.01 mL)、分析天平(感量0.000 1 g)、消煮炉、样品粉碎机、分样筛(孔径0.42 mm)、低速离心机、消化管或凯氏烧瓶(150 mL)、锥形瓶(250 mL)、容量瓶(50 mL)、量筒或量杯(10 mL、50 mL)、移液管(10 mL)。

2. 实验试剂

高氯酸溶液(0.6 mol/L):量取高氯酸50.0 mL,加水定容至1 000 mL。

氢氧化钠溶液(40 g/L):称取氢氧化钠40 g,加水溶解并稀释至1 000 mL。

硼酸吸收液(10 g/L):称取硼酸10 g,溶于1 000 mL水中。

甲基红指示剂(1 g/L):称取甲基红指示剂0.1 g,溶解于100 mL95%乙醇。

溴甲酚绿指示剂(5 g/L):称取溴甲酚绿指示剂0.5 g,溶解于100 mL95%乙醇。

混合指示剂:将上述两种指示剂溶液等体积混合。

盐酸标准溶液(0.01 mol/L):吸取浓盐酸0.85 mL加水定容至1 000 mL摇匀,并按《化学试剂 标准滴定溶液的制备》(GB/T 601—2016)的方法进行标定。

防泡剂:不含氮,主要成分为有机硅的固态或液态试剂。

3. 实验样品

鱼粉、肉粉、肉骨粉等饲料原料。

四、实验方法

1. 样品的采集与制备

选取具有代表性的试样,用四分法缩减至200 g,粉碎后过40目(0.42 mm)的分析筛,混匀,装入密闭容器中,防止试样成分的变质,尽快检测。

2. 制备样液

称取试样约5 g(精确至0.1 mg),置于锥形瓶中,加入高氯酸溶液40 mL,振荡摇匀30 min。将试样及试样浸提液完全转移至50 mL容量瓶,并用高氯酸溶液定容,摇匀;取约30 mL试样浸提液于50 mL离心管中,离心5 min(3 500 r/min),取上清液于2~6 ℃的条件下储存,可保存24 h。

3. 样液蒸馏

量取30 mL硼酸吸收液,倒入锥形瓶中,滴加混合指示剂各2~3滴,摇匀,并置于半微量凯氏定氮装置冷凝管下端,使冷凝管末端插入硼酸吸收液的液面下。

准确吸取上清液 10.0 mL,通过加样入口,注入半微量凯式定氮装置蒸馏反应内室,用少量蒸馏水冲洗进样入口,加入 1~2 滴消泡剂,再加入 10 mL 氢氧化钠溶液,然后迅速塞紧玻璃塞,并加水密封以防止漏气。

蒸馏至馏出液达到 150 mL 后,使冷凝管末端离开吸收液面,再蒸馏 1 min,用蒸馏水冲洗冷凝管末端,洗液均流入锥形瓶中吸收液内,取下锥形瓶,然后停止蒸馏。

4. 滴定

将取下的锥形瓶立即用盐酸标准溶液滴定,直至溶液由蓝绿色变为灰红色为终点,同时用高氯酸溶液代替浸提上清液进行试剂空白试验。

五、实验结果

1. 计算公式

试样中挥发性盐基氮的含量 ω,数值以 mg/100 g 表示,按照下式进行计算。

$$\omega = \frac{(V_2 - V_0) \times c \times 14}{m} \times \frac{V}{V_1} \times 100$$

式中:ω—试样中挥发性盐基氮的含量,mg/100 g;

V_2—滴定试样时所消耗盐酸标准溶液的体积,mL;

V_0—滴定试剂空白时所消耗盐酸标准溶液体积,mL;

c—盐酸标准滴定溶液浓度,mol/L;

14—与 1.00 mL 盐酸标准溶液[$c(HCl) = 1.000$ mol/L]相当的氮的质量;

V—试样提取液总体积,mL;

V_1—试样提取液分取体积,mL;

m—试样质量,g。

2. 重复性

每个试样取两份平行样进行测定,以其算术平均值为测定结果,计算结果保留至小数点后一位。在重复性条件下,两次独立测定结果的绝对差值不得超过算术平均值的 10%。

3. 注意事项

(1)试样浸渍的时间是 30 min。

(2)蒸馏时,冷凝管末端一定要浸入吸收液的液面下。

(3)蒸汽发生器里的水中加入数滴甲基红指示剂和硫酸,保持此液为粉红色,否则补加硫酸。

(4)不起泡的动物源性饲料可以不加防泡剂,而易起泡的如血浆、血粉等必须滴加 0.5 mL 左右的防泡剂。

(5)蒸馏结束时,应用蒸馏水冲洗冷凝管末端,洗液均需流入锥形瓶内。

六、思考题

制备试样浸提液时用到的高氯酸溶液起什么作用？可以使用其他溶液替代吗？

七、思考拓展

采取哪些措施或方法可以降低动物源性饲料原料中挥发性盐基氮的含量？

（编写者：邰秀林）

第三节 饲料级鱼粉中掺假的检验方法

鱼粉的粗蛋白含量高达50%～70%,并且氨基酸种类齐全,赖氨酸含量丰富,是畜禽的优质蛋白质补充饲料,也是饲料原料中价格最高的原料之一,市场价格在15 000～18 000元/吨。市场上鱼粉掺假的比率较高,通常在鱼粉中掺入植物性物质、低质蛋白质原料、非蛋白氮、氯化物和碳酸盐类等。通过常规化学分析,这些掺假鱼粉的粗蛋白含量与纯鱼粉差异较小,但消化利用效率和营养价值明显更低。因此,鉴别鱼粉是否掺假是目前饲料生产企业和动物养殖企业普遍关心的问题。

实验 4

鱼粉中掺入植物性物质的检测

鱼粉中掺入的植物性物质主要有棉粕、菜粕、葵花粕、花生粕、玉米胚芽粕、玉米粉、豌豆粉、稻壳粉、麦麸、草粉、米糠粕和木屑等。鱼粉中粗纤维含量极低,优质鱼粉的粗纤维含量一般都低于0.5%,并且不含淀粉。如果鱼粉中掺入了棉粕、稻壳粉等植物性物质,则粗纤维含量会明显增加;如掺入玉米粉和豌豆粉等富含淀粉的物质,则淀粉含量也会明显增加。

一、实验目的

掌握鱼粉中掺入植物性物质的鉴别方法。

二、实验原理

淀粉可与碘反应,产生蓝色或蓝紫色化合物;木质素在酸性条件下可与间苯三酚反应,产生红色化合物。利用上述两种反应,通过鉴定鱼粉中是否含有淀粉或木质素即可迅速检测出鱼粉中是否含有植物性来源的掺假物。

三、实验材料

1. 实验仪器

容量瓶(100 mL)、分析天平、烧杯(50 mL)、试管(50 mL)、水浴锅、电陶炉、表面皿、滴管。

2.实验试剂

碘–碘化钾溶液:6 g碘化钾溶入100 mL蒸馏水中,再加入2 g碘,溶解后摇匀,置棕色瓶中保存。

间苯三酚乙醇溶液:2 g间苯三酚溶入100 mL 95%的乙醇溶液中。

95%乙醇溶液、36%~38%浓盐酸。

3.实验样品

掺入了棉粕、菜粕、葵花粕、玉米粉、稻壳粉、麦麸、草粉、米糠粕或木屑等的鱼粉500 g。

四、实验方法与结果

1.鱼粉中掺入淀粉类物质的检测

(1)实验方法

①称取2~3 g鱼粉样品,置于50 mL烧杯或试管中。

②加入10 mL蒸馏水后加热至沸腾,以浸出淀粉。

③冷却后用滴管滴入1~2滴碘–碘化钾溶液。

(2)实验结果

加入碘–碘化钾溶液后,若颜色为浅蓝色,则表明鱼粉中加入了少量淀粉(植物性物质);若颜色为深蓝色或紫色,则表明鱼粉中掺入了比较多的淀粉(植物性物质)。

2.鱼粉中掺入木质素类物质的检测

(1)实验方法一

①将少量鱼粉样品置于表面皿中。

②加入少量浓度为95%的乙醇溶液浸泡样品。

③加入2~3滴浓盐酸,观察鱼粉样品的颜色变化。

(2)实验结果一

若处理后样品出现深红色,加水后该物质浮在水面,则说明鱼粉中掺有木质素类物质。

(3)实验方法二

①称取1~2 g鱼粉样品置于试管或表面皿中。

②加入间苯三酚乙醇溶液10 mL,放置5~10 min。

③加入2~3滴浓盐酸,观察鱼粉样品的颜色变化。

(4)实验结果二

若处理后的鱼粉加入浓盐酸后有红色颗粒出现,则表明鱼粉中掺入了木质素类物质(植物性物质)。

五、思考题

检测鱼粉中是否掺入淀粉类物质时,为什么要在加入蒸馏水后加热至沸腾,不加热到沸腾是否可行?

六、思考拓展

鱼粉中掺入的植物性物质主要有哪些? 为什么会选择这些植物性物质?

(编写者:黄文明)

实验 5

鱼粉中掺入动物性低质蛋白的检测

鱼粉中经常掺入的动物性低质蛋白饲料主要有血粉、皮革粉、羽毛粉、虾粉、羊毛粉、肉骨粉、肉松粉、鱿鱼粉(下脚料)等。这些掺入物的粗蛋白含量高,甚至高于鱼粉,且外观与鱼粉相似,因此在不借助仪器设备的情况下很难鉴别是否掺假。

一、实验目的

掌握鱼粉中掺入血粉、皮革粉及羽毛粉等动物性低质蛋白饲料的鉴别方法。

二、实验原理

血粉中的铁质具有类似过氧化物酶作用,能分解过氧化氢释放出新生态氧,将联苯胺氧化为联苯胺蓝,并呈现出蓝色或绿色环点,根据有无环点,即可判断出鱼粉是否掺入了血粉。

鱼粉中的磷在酸性溶液中与钼酸铵结合成为钼酸磷铵,钼酸磷铵为黄色结晶,而皮革粉因不含磷,则无颜色反应。另一种方法是皮革粉中铬经灰化后部分可变成 Cr^{6+},Cr^{6+} 在强酸溶液中能与二苯基卡巴腙发生反应,生成紫红色水溶性化合物。

羽毛粉在1.25%硫酸溶液中不能完全水解,其残渣在显微镜下观察有一种特殊形状,而在5%氢氧化钠溶液中完全水解,通过显微镜观察即可判别鱼粉中是否掺入有羽毛粉。鱼粉样品在四氯化碳中分层为两部分,其中漂浮层部分主要包括肌肉纤维、结缔组织、羽毛、血粉等,沉淀部分包括骨、磷等矿物质成分。

三、实验材料

1. 实验仪器

白瓷皿、点滴板、量杯(2 mL、5 mL、10 mL、100 mL)、试管、表面皿、瓷坩埚(30 mL)、电陶炉、分析天平、高温炉、容量瓶(1 000 L)、显微镜(50×～100×、30×～50×)、烧杯(100 mL)、电吹风。

2. 实验试剂

联苯胺-冰乙酸混合溶液:将1 g联苯胺(化学纯/分析纯)加入100 mL冰乙酸中,再加150 mL蒸馏水稀释。

二苯基卡巴腙溶液:将0.2 g二苯基卡巴腙溶解于100 mL的90%乙醇溶液中。

5%钼酸铵溶液:将5 g钼酸铵溶解于100 mL蒸馏水中,再加入35 mL的浓硝酸。

1 mol/L硫酸溶液:将54.3 mL浓硫酸慢慢倒入有200 mL左右蒸馏水的玻璃烧杯中,再转入1 000 mL容量瓶中,稀释定容。

1.25%硫酸溶液:将7 mL浓硫酸慢慢倒入有200 mL左右蒸馏水的玻璃烧杯中,再转入1 000 mL容量瓶中,稀释定容。

5%氢氧化钠溶液:将52.6 g氢氧化钠用蒸馏水溶解后定容至1 000 mL。

3%过氧化氢溶液、四氯化碳溶液。

3. 实验样品

掺入了血粉、皮革粉或羽毛粉等动物性低质蛋白原料的鱼粉500 g。

四、实验方法与结果

1. 鱼粉中掺入血粉的检测

(1)实验方法一

①取少量鱼粉样品放入白瓷皿或点滴板中。

②加入数滴联苯胺-冰乙酸混合溶液浸湿鱼粉样品。

(2)实验结果一

若鱼粉样品中有深绿色或蓝绿色出现,则表明有血粉掺入,不显色则证明鱼粉中未掺入血粉。

(3)实验方法二

①取1～2 g鱼粉样品于试管中,加入5 mL蒸馏水后搅拌,静置数分钟后过滤。

②另取1支试管,先加入少量联苯胺粉末,然后加入2 mL冰乙酸,振荡溶解,再加入1～2 mL的3%过氧化氢溶液。

③将步骤①中的滤液慢慢注入步骤②的试管中。

(4)实验结果二

若两溶液的接触面出现绿色或蓝色的环或点,则表明鱼粉中含有血粉;反之,则不含血粉。

若不用滤液,也可将步骤①的鱼粉样品直接慢慢注入步骤②试管中的液面上,在液面上及液面下可见绿色或蓝色的环或柱,表明有血粉掺入,否则就表明没有血粉掺入。

2. 鱼粉中掺入皮革粉的检测

(1)实验方法一

①取少许鱼粉样品平铺于表面皿上。

②加入 3 ~ 5 滴钼酸铵溶液,静置 5 ~ 10 min,观察有无颜色变化。

(2)实验结果一

无颜色变化的是皮革粉,呈绿黄色的是鱼粉。根据不变色部分所占比例即可大概估计出皮革粉的掺入量。

(3)实验方法二

①将 1 ~ 2 g 鱼粉样品置于瓷坩埚中,在电陶炉上炭化至无烟。

②置于高温炉中灰化。

③冷却后用蒸馏水将灰分浸润,加入 1 mol/L 硫酸溶液 10 mL,使之呈酸性,搅拌均匀。

④再滴加数滴二苯基卡巴腙溶液,片刻后观察有无颜色变化。

(4)实验结果二

若出现紫红色,则表明有铬存在,鱼粉中掺有皮革粉。

3. 鱼粉中掺入羽毛粉的检测

(1)实验方法一

①将约 1 g 鱼粉样品放置于 2 个 500 mL 三角烧瓶中。

②一个三角烧瓶中加入 1.25% 硫酸溶液 100 mL,另一个加入 5% 氢氧化钠溶液 100 mL,煮沸 30 min 后静置。

③吸去上清液,将残渣分别置于载玻片上,在 50 ~ 100 倍显微镜下观察。

(2)实验结果一

若有羽毛粉,用 1.25% 硫酸溶液处理的残渣在显微镜下观察会有一种特殊形状,而 5% 氢氧化钠溶液处理后的残渣没有这种特殊形状。

(3)实验方法二

①将 10 g 鱼粉样品置于 100 mL 烧杯中,加入 80 mL 四氯化碳溶液,充分搅拌,静置沉淀。

②将漂浮层倒在滤纸上过滤,滤物用电吹风吹干。

③取少量风干滤物置于载玻片上,在 30 ~ 50 倍显微镜下观察。

(4)实验结果二

若掺有羽毛粉,除见有表面粗糙、具有纤维结构的鱼肉颗粒外,还可见或多或少的羽毛、羽干和羽管(中空,半透明)。经水解的羽毛粉,有的形同玻璃碎粒,质地如塑胶,呈灰褐色或黑色。

五、思考题

在检测鱼粉中是否掺入血粉时,为什么联苯胺混合溶液最好现配现用?

六、思考拓展

鱼粉不仅价格贵,而且掺假还多,饲料厂和养殖企业为什么还要用鱼粉?有不使用鱼粉的方法吗?

(编写者:黄文明)

实验 6

鱼粉中掺入非蛋白氮的检测

鱼粉的粗蛋白含量高达50%~70%,不同品质的鱼粉的粗蛋白含量差异也较大。为了提高低质鱼粉的粗蛋白含量,鱼粉中常常掺入尿素、铵盐和双缩脲等非蛋白氮化合物。

一、实验目的

掌握鱼粉中掺入非蛋白氮化合物的鉴别方法。

二、实验原理

尿素在脲酶作用下分解成氨态氮,氨态氮遇甲酚红显红色反应。反应生成的红色深浅度与尿素掺入量成正比。利用这一特性,比较标准尿素溶液与检测液产生的颜色深浅,即可判断出尿素掺入的大致含量。在酸性条件下,尿素与亚硝酸钠作用产生黄色反应。若无尿素时,亚硝酸钠与对氨基苯磺酸发生重氮化反应,其产物与α-萘胺起耦合作用,颜色改为紫(红)色。

铵盐一般含氨态氮,尿素在碱性条件下经脲酶催化可生成氨态氮。由于奈氏试剂可与氨态氮物质反应生成棕红色胶体络合物,并可依其"红棕色—红褐色—深红色"的变化判定其掺入量。

双缩脲在碱性介质中可与Cu^{2+}结合生成紫红色化合物,根据鱼粉在碱性条件下与Cu^{2+}的显色情况则可判断鱼粉中是否掺有双缩脲。

三、实验材料

1. 实验仪器

烧杯(50 mL、100 mL、250 mL)、量筒(5 mL、20 mL、25 mL、50 mL、100 mL)、三角瓶(100 mL、150 mL、500 mL)、烧杯(100 mL)、移液管(1 mL、2 mL、3 mL、4 mL)、试管、水浴锅、酒精灯、分析天平、显微镜(50×～100×、30×～50×)、电吹风。

2. 实验试剂

尿素标准溶液:0 g/L、10 g/L、20 g/L、30 g/L、40 g/L、50 g/L。

甲酚红指示剂:0.1%的乙醇溶液。

0.4%脲酶溶液、格氏试剂、浓硫酸、1%亚硝酸钠溶液、6 mol/L奈氏试剂、氢氧化钠溶液、1.5%硫酸铜溶液。

3. 实验样品

掺入了尿素、铵盐等非蛋白氮的鱼粉样品500 g。

四、实验方法与结果

1. 鱼粉中掺入尿素的检测

(1)实验方法一

①将10 g鱼粉样品置于烧杯中,加入100 mL蒸馏水,搅拌5 min。

②用滤纸过滤,滤液置于100 mL三角瓶中。

③分别取1 mL尿素标准溶液(尿素含量为0 g/L,10 g/L,20 g/L,50 g/L)和鱼粉样品滤液于各试管中。

④在各试管中分别滴入2～3滴脲酶溶液和2～3滴甲酚红指示剂,等量加入。

⑤在30 ℃水浴中静置反应3～5 min。

(2)实验结果一

若溶液呈深紫红色,则表明鱼粉中掺入了尿素;若呈黄色,则表明无尿素。将鱼粉样品溶液与不同尿素标准溶液颜色深浅进行比较,可大致判断尿素的掺入量。此检测应在10～12 min内观察完毕。

注:无脲酶时,可称取5 g黄豆粉,加100 mL蒸馏水浸泡1 h,取其滤液。若不判断尿素的掺入量,则可不加尿素标准溶液,直接观察反应结果。

（3）实验方法二

①分别称取1.5 g鱼粉样品于2支试管中，其中一支加入少许黄豆粉，另外一支不加。

②两试管中各加蒸馏水5 mL，振荡摇匀后，置于60～70 ℃水浴中恒温3 min。

③取出后滴加6～7滴甲酚红指示剂。

（4）实验结果二

若加黄豆粉的试管中颜色呈深紫红色，则说明鱼粉中掺有尿素。

（5）实验方法三

①将10 g鱼粉样品置于150 mL三角瓶中。

②加入50 mL蒸馏水，加塞用力振荡2～3 min，静置，过滤。

③取5 mL滤液于试管中，将试管放在酒精灯上加热灼烧，当溶液蒸干时，把湿润的pH试纸放在管口处。

（6）实验结果三

若嗅到强烈的氨臭味，试纸立即变成红色，此时pH接近14，则说明鱼粉中有尿素。若没有强烈的氨臭味，且置于管口处的pH试纸稍有碱性反应，显微蓝色，离开管口处则慢慢褪去，说明鱼粉中没有尿素。

（7）实验方法四

①将1 g鱼粉样品置于烧杯中，加入20 mL蒸馏水混匀，静置20 min。

②取上清液3 mL于50 mL烧杯中，加入1 mL亚硝酸钠溶液和1 mL浓硫酸，摇匀后静置5 min。

③泡沫消失后加入0.5 g格氏试剂并摇匀。

（8）实验结果四

若溶液显黄色，表明掺有尿素；若溶液显紫红色，则说明没有掺入尿素。

2. 鱼粉中掺入铵盐的检测

（1）实验方法

①将1～2 g鱼粉样品置于250 mL烧杯中，加25 mL蒸馏水，混合均匀后，静置20 min，使掺入的铵盐充分溶入水中。

②另取一支试管，加2 mL奈氏试剂，然后沿试管壁用滴管滴加上述鱼粉样品浸出液1～2滴。

（2）实验结果

若液面立即出现棕红色环，则表明鱼粉中有铵盐掺入。若液面出现白色或黄色环，可怀疑有尿素掺入，再用脲酶法做进一步检测，具体做法见上。

3. 鱼粉中掺入双缩脲的检测

（1）实验方法

①将2 g鱼粉样品置于烧杯中，加入20 mL蒸馏水，充分搅拌后静置10 min。

②用干燥滤纸过滤,取 4 mL 滤液于试管中,加入 6 mol/L 氢氧化钠溶液 1 mL,再加入 1 mL 硫酸铜溶液摇匀,立即观察颜色变化。

（2）实验结果

若溶液呈蓝色,则表明鱼粉中没有掺入双缩脲;若溶液呈紫红色,则表明鱼粉中掺有双缩脲,颜色越深,鱼粉中掺入的双缩脲比例越大。

五、思考题

在脲酶、甲酚红指示剂存在的情况下,为什么掺入了尿素的鱼粉溶液会呈现深紫红色?

六、思考拓展

（1）鱼粉中掺入非蛋白氮的目的是什么?

（2）掺入了非蛋白氮的鱼粉,是否还掺入了其他物质?

（编写者:黄文明）

实验 7

鱼粉中掺入氯化物、碳酸盐类物质的检测

纯鱼粉的灰分含量较高,可达到 16% ~ 20%,其中含有 2% ~ 4% 的盐分和 1% ~ 3% 的砂分。因此,为增加鱼粉的重量,鱼粉中经常掺入氯化物和碳酸盐类物质,如氯化钠、碳酸钙、贝壳粉和蛋壳粉等。

一、实验目的

掌握鱼粉中掺入氯化物和碳酸盐类物质的鉴别方法。

二、实验原理

氯化物在酸性条件下和硝酸银发生反应,生成白色氯化银沉淀,根据沉淀有无,即可判断鱼粉中是否掺有氯化物。鱼粉中的 Cl^- 含量较高时,与硝酸银发生反应生成氯化银沉淀,并与

铬酸钾作用呈现砖红色(铬酸银)反应。

碳酸盐(碳酸钙、贝壳粉、蛋壳粉等)与稀盐酸作用,产生气泡(CO_2),根据气泡有无即可判断鱼粉中是否掺有碳酸盐类物质。

三、实验材料

1. 实验仪器

试管、量筒(15 mL)、移液管(2 mL、5 mL)、点滴板、分析天平。

2. 实验试剂

5%硝酸银溶液、0.01 mol/L硝酸银溶液、10%铬酸钾溶液、硝酸溶液(1:2)、氨水溶液(1:1)、盐酸溶液(1:3)。

3. 实验样品

掺入了氯化物、碳酸盐类物质的鱼粉500 g。

四、实验步骤与结果分析

1. 鱼粉中掺入氯化物的检测

(1)实验方法一

①将1~2 g鱼粉样品置于试管中,加入15 mL硝酸溶液,摇匀后静置2 min。

②吸取2~3滴上清液于载玻片上,加入2~3滴硝酸银溶液。

(2)实验结果一

若产生白色沉淀(同时用正常鱼粉做对比检测),则说明鱼粉中掺有氯化物。为证实上述结果,可在白色沉淀上滴加1~2滴氨水溶液,滴加处沉淀溶解消失(氯化银与氨水生成一种络合物),即可进一步确定该沉淀物为氯化银。

(3)实验方法二

①吸取0.01 mol/L的硝酸银溶液5 mL于试管中,加入两滴铬酸钾溶液。

②再加入少量鱼粉样品,充分混合均匀。

(4)实验结果二

若试管中溶液呈砖红色,则说明鱼粉中掺有氯化物(同时用正常鱼粉做对比测定)。

2. 鱼粉中掺入碳酸盐类物质的检测

(1)实验方法一

①将1 g鱼粉样品置于试管或点滴板中。

②加入2 mL盐酸溶液,混匀后观察。

（2）实验结果二

若立即产生大量气泡，则说明鱼粉中掺入了碳酸盐类物质，掺入量大时还会发出"吱吱"的响声。观察气泡产生的强烈程度，从强到弱依次为：石灰石＞贝壳粉＞虾、蟹壳＞肉骨。

五、思考题

除了添加硝酸银和稀盐酸以查看是否有气体生成外，能否通过其他方法初步判断鱼粉中是否掺入了氯化物和碳酸盐类物质？如容重的变化（纯鱼粉的容重一般为 $450 \sim 660$ g/L）、咸味的轻重、灰分含量的多少。

六、思考拓展

鱼粉的主要种类和产地有哪些？不同种类和不同产地鱼粉的理化指标是多少？我国国标把鱼粉分为几个等级？不同等级鱼粉的理化指标范围是多少？

（编写者：黄文明）

第四节　大豆制品的质量检测

实验 8

大豆制品中脲酶活性的测定

大豆是优质的植物性蛋白质饲料,含有35%～40%的蛋白质,是目前世界范围内动物饲料原料中最常用的植物性蛋白质类饲料。大豆中含有影响动物对饲料中营养物质的消化、吸收和利用的抗营养因子,如脲酶、胰蛋白酶抑制因子等,但是加热处理会使这些抗营养因子灭活。在加工过程中会受到加热处理,如果加热不足,大豆饼(粕)中的抗营养因子得不到有效破坏;如果加热过度,其中的氨基酸被破坏,蛋白质消化率下降。脲酶活性(UA)常常用于衡量大豆饼(粕)的生熟度。脲酶活性的测定方法主要有快速鉴别法和滴定法,其中快速鉴别法主要有试纸法、酚红法、尿素-苯酚磺试剂法,而滴定法是国家标准方法(GB/T 8622—2006),具有仲裁性。

方法一:试纸法

一、实验目的

利用pH试纸快速定性检测大豆饼(粕)中的脲酶活性,以此判断大豆饼(粕)是生的还是熟的。

二、实验原理

大豆饼(粕)中的脲酶可使尿素水解释放出氨。氨呈碱性,可使溶液pH升高,红色石蕊试纸变成蓝色。

三、实验材料

1. 实验仪器

植物粉碎机、恒温水浴锅、分析天平、具塞三角瓶(250 mL)、红色石蕊试纸。

2. 实验试剂

尿素(分析纯)。

3. 实验样品

大豆饼或大豆粕。

四、实验方法

（1）取尿素 0.1 g 置于 250 mL 具塞三角瓶中。

（2）将被检试样磨细至 0.45 mm，取试样粉 0.1 g，加水 100 mL，加塞于 45 ℃的水浴中加热，每隔 15 min 轻轻摇晃几下，1 h 后从水浴中移出。

（3）取红色石蕊试纸一条浸入此溶液中，观察试纸是否变色。

五、实验结果

试纸变蓝，表明大豆饼（粕）是生的；试纸不变色，表明大豆饼（粕）是熟的。

方法二：酚红法

一、实验目的

利用酚红指示剂快速判断大豆制品和大豆加工副产品中的脲酶活性，以此判断大豆饼（粕）是生的还是熟的。

二、实验原理

酚红指示剂在 pH 6.4 ~ 8.2 时由黄变红，大豆制品中所含的脲酶在室温下可将尿素水解，产生氨，释放出的氨可使酚红指示剂变红，根据变红时间长短来判断脲酶活性的大小。

三、实验材料

1. 实验仪器

植物粉碎机、分析天平、试管。

2. 实验试剂

尿素（分析纯）、95% 乙醇。

酚红溶液：称取 0.1 g 的酚红（分析纯）溶于 100 mL 95% 的乙醇中。

3. 实验样品

大豆饼或大豆粕。

四、实验方法

将试样粉碎至 0.45 mm,称取 0.2 g 试样,移入试管中。加入 0.02 g 尿素及两滴酚红指示剂,再加入 20~30 mL 蒸馏水,摇动 10 s。观察溶液颜色,并记下呈粉红色的时间。

五、实验结果

(1)1 min 内呈粉红色,表示脲酶活性很强,表明为生大豆饼(粕)。

(2)1~5 min 内呈粉红色,表示脲酶活性较强,表明为生大豆饼(粕)。

(3)5~15 min 内呈粉红色,表示脲酶活性很弱,表明为合格大豆饼(粕)。

(4)15~30 min 内呈粉红色,表示脲酶没有活性,表明为过熟大豆饼(粕)。

方法三:尿素-苯酚磺试剂法

一、实验目的

利用苯酚磺作为指示剂快速测定大豆制品和大豆加工副产品中的脲酶活性,以此判断大豆饼(粕)的加热适合程度。

二、实验原理

用苯酚磺作为指示剂,按尿素转变成氨的多少及显色度,定性测定大豆饼(粕)中脲酶的活性。

三、实验材料

1. 实验仪器

植物粉碎机、玻璃吸管。

2. 实验试剂

尿素(分析纯)、苯酚红(分析纯)、0.2 mol/L 氢氧化钠溶液、0.1 mol/L 硫酸溶液、尿素-苯酚磺试剂。

尿素-苯酚磺试剂:将 1.2 g 苯酚红溶于 30 mL 0.2 mol/L 氢氧化钠溶液中,用水稀释至 300 mL。加入 90 g 尿素,并溶解之,用水稀释至 2 L,加 70 mL 0.1 mol/L 硫酸溶液,稀释至 3 L。(注:配好的溶液应具有明亮的琥珀色,若溶液转变为橘红色时,应再滴加 0.1 mol/L 硫酸溶液,调成琥珀色。试剂最好现用现配。)

3. 实验样品

大豆饼或大豆粕。

四、实验方法

(1)取粉碎至0.45 mm的大豆饼(粕)、粕粉,均匀地平铺于培养皿中(注意薄薄地铺一层)。

(2)用吸管吸取尿素-苯酚磺试剂,小心地滴在测定的样品上,将培养皿中大豆饼(粕)粉全部浸湿。

(3)放置5 min后观察结果。

五、实验结果

(1)无任何红点出现,再放置25 min,若仍无红点出现,说明没有脲酶活性,是过熟大豆饼(粕)。

(2)有少数红点,或表面被25%～50%红点覆盖,表示含有微量脲酶,大豆饼(粕)可用。

(3)大豆饼(粕)粉表面75%～100%被红点覆盖,说明脲酶活性很强,豆饼(粕)过生,不能直接使用。

本方法对脲酶活性的测定结果,只能作为大豆饼(粕)加热适合程度的评价指标;而对加热过度的大豆饼(粕),其中的脲酶完全失去活性,所测定的结果就不能反映受严重热处理的大豆饼(粕)的质量。蛋白质溶解度作为评价大豆饼(粕)质量的指标,克服了脲酶活性法的不足。

方法四:滴定法

一、实验目的

利用国家标准方法《饲料用大豆制品中尿素酶活性的测定》(GB/T 8622—2006)测定大豆以及由大豆制得的产品、副产品中的脲酶活性,可确认大豆制品的湿热处理程度。

二、实验原理

脲酶活性是在(30±0.5)℃和pH 7的条件下,每分钟每克大豆制品分解尿素所释放的氨态氮的质量。将粉碎的大豆制品与中性尿素缓冲溶液混合,在(30±0.5)℃下精确保温30 min,脲酶催化尿素水解产生氨的反应。用过量盐酸中和所产生的氨,再用氢氧化钠标准溶液回滴。

三、实验材料

1. 实验仪器

样品筛(孔径 200 μm)、酸度计(精度 0.02,附有磁力搅拌器和滴定装置)、恒温水浴〔可控温(30±0.5)℃〕、试管(有磨口塞子)、计时器、粉碎机、分析天平。

2. 实验试剂

尿素缓冲溶液(pH 为 7.0±0.1):称取 8.95 g 磷酸氢二钠($Na_2HPO_4 \cdot 12H_2O$),3.40 g 磷酸二氢钾(KH_2PO_4)溶于水并稀释至 1 000 mL,再将 30 g 尿素溶在此缓冲液中,有效期 1 个月。

0.1 mol/L 盐酸溶液:移取 8.3 mL 盐酸,用水稀释至 1 000 mL。

0.1 mol/L 氢氧化钠标准溶液:称取 4 g 氢氧化钠溶于水并稀释至 1 000 mL,用《化学试剂 标准滴定溶液的制备》(GB/T 601—2016)规定的方法配制和标定。

甲基红、溴甲酚绿混合乙醇溶液:称取 0.1 g 甲基红溶于 95% 乙醇并稀释至 100 mL,再称取 0.5 g 溴甲酚绿,溶于 95% 乙醇并稀释至 100 mL。两种溶液等体积混合,储存于棕色瓶中。

3. 实验样品

大豆、大豆制品或大豆加工副产品。

四、实验方法

1. 称取试剂

称取约 0.2 g(精确至 0.1 mg)制备好的试样,于玻璃试管中(如活性很高可称 0.05 g 试样)。

2. 加入缓冲液

加入 10 mL 尿素缓冲液,立即盖好试管盖,剧烈振摇后,将试管马上置于(30±0.5)℃恒温水浴中,计时保持 30 min±10 s。要求每个试样加入尿素缓冲液的时间间隔保持一致,停止反应后再以相同的时间间隔加入 10 mL 盐酸溶液,振摇后迅速冷却至 20 ℃。

3. 氢氧化钠标准溶液滴定

将试管内容物全部转入小烧杯中,用 20 mL 水冲洗试管数次,以氢氧化钠标准溶液用酸度计滴定至 pH4.70。如果选择用指示剂,则将试管内容物全部转入 250 mL 锥形瓶中,加入 8～10 滴混合指示剂,以氢氧化钠标准溶液滴定至溶液呈蓝绿色。

4. 做空白试验

称取约 0.2 g(精确至 0.1 mg)制备好的试样,置于玻璃试管中(如活性很高可称取 0.05 g 试样),加入 10 mL 盐酸溶液,振摇后再加入 10 mL 尿素缓冲液,立即盖好试管盖,剧烈振摇,将试管马上置于(30±0.5)℃恒温水浴中,计时保持 30 min±10 s,停止反应后将试管迅速冷却至 20 ℃。

将试管内容物全部转入小烧杯中,用20 mL水冲洗试管数次,以氢氧化钠标准溶液用酸度计滴定至pH 4.70。如果选择用指示剂,则将试管内容物转入250 mL锥形瓶中,加入8~10滴混合指示剂,以氢氧化钠标准溶液滴定至溶液呈蓝绿色。

五、实验结果

大豆制品中脲酶活性用单位每克(U/g)表示,按式(1)计算:

$$脲酶活性 = \frac{14 \times c \times (V_0 - V)}{30 \times m} \tag{1}$$

式中:c—氢氧化钠标准溶液浓度,mol/L;

V_0—空白试验消耗氢氧化钠溶液的体积,mL;

V—测定试样消耗氢氧化钡溶液的体积,mL;

m—试样质量,g;

14—氮的摩尔质量,$M(N_2) = 14$ g/mol;

30—反应时间,min。

若试样经粉碎前预干燥处理后,则按式(2)计算:

$$脲酶活性 = \frac{14 \times c \times (V_0 - V)}{30 \times m} \times (1 - S) \tag{2}$$

式中:S—预干燥时试样失重的百分率。

重复性:同一分析人员用相同方法,同时或连续两次测定脲酶活性≤0.2时,结果之差不超过平均值的20%;脲酶活性>0.2时,结果之差不超过平均值的10%。结果以其算术平均值表示。

六、思考题

(1)不同的环境温度对大豆生熟度快速检测有什么影响?

(2)大豆及其制品中的脲酶活性是不是越低越好?

(3)大豆中脲酶活性的滴定法和快速定性检测的相关性有多强?

七、思考拓展

思考如何测定大豆中的抗胰蛋白酶、大豆凝集素、可溶性非淀粉多糖?

(编写者:朱 智)

实验 9

蛋白质溶解度的测定

多年来人们一直在寻求一种快速、简易、可靠的体外评价大豆饼(粕)质量的方法。脲酶活性(UA)与蛋白质溶解度(PS)是评定大豆饼(粕)质量的两种常用指标。脲酶活性常常用于衡量大豆饼(粕)的生熟度;蛋白质溶解度可以区别不同程度的过度加热,其测定值随着加热时间的增加而递减。

一、实验目的

通过测定氢氧化钾溶液中蛋白质溶解度来评定大豆饼(粕)加热是否过度的情况,以此判断大豆饼(粕)的质量。

二、实验原理

蛋白质溶解度是指一定量的氢氧化钾溶液中溶解的蛋白质的质量分数。蛋白质溶解度测定值随着大豆饼(粕)加热时间的增加而递减。生大豆饼(粕)的PS可达100%;PS>85%时,大豆饼(粕)过生;PS<75%时,大豆饼(粕)过熟;PS在80%左右时,大豆饼(粕)的加工适度。

三、实验材料

1. 实验仪器

植物粉碎机、天平、烧杯(250 mL)、磁力搅拌器、台式离心机、离心管(50 mL)、凯氏定氮仪。

2. 实验试剂

0.2%氢氧化钾溶液(0.042 mol/L):称取2.44 g氢氧化钾(分析纯),溶解于水,并稀释至1 000 mL。

其他试剂与凯氏定氮法所用的标准试剂相同。

3. 实验样品

大豆饼(粕)、全脂大豆粉等。

四、实验方法

(1)大豆饼(粕)经粉碎至全过60目筛,称取粉碎过的样品1.5 g,置于250 mL烧杯中,加入75 mL 0.2%氢氧化钾溶液,在磁力搅拌器上搅拌20 min。

(2)吸取50 mL液体于离心管中,以2 700 r/min离心10 min。

(3)吸取上清液15 mL,放入消化管,用凯氏定氮仪测定其中的蛋白质含量,此含量相当于0.3 g试样中溶解的粗蛋白质质量。

五、实验结果

$$蛋白质溶解度(PS)=\frac{0.3\text{ g试样中的粗蛋白质质量}}{原样本的粗蛋白质质量}\times 100\%$$

六、思考题

(1)样品的颗粒大小对蛋白质溶解度是否有影响?

(2)不同样本在磁力搅拌器上的搅拌时间是否需要保持一致?

七、思考拓展

如何通过PS测定鉴别菜籽(粕)是否加热过度?

(编写者:朱 智)

第五节　饲用油脂的质量鉴定

饲用油脂作为畜禽饲料的能量来源应用越来越广泛。随着油脂的种类和数量的增加,饲用油脂的质量控制也显得日益重要。饲用油脂包括动物性油脂、植物性油脂,其中以混合油脂为最常见。动物性油脂是以肉类加工厂的脂肪、皮肤、内脏等副产品为原料,经加热、加压处理或者浸提而成的。常用于饲料中的动物性油脂有猪油、牛油、鱼油、肝油等。植物性油脂是从植物种子或果实中提炼而成的混油脂,有椰子油、大豆油、玉米油、可可油、棕榈油等。

以饲用猪油为例,饲用猪油的生产原料质量明显差于板油或肥膘油等食用猪油的原料。同时受原料新鲜度、炼油工艺及人为掺假等因素影响,饲用油脂的质量及在饲料中的应用效果参差不齐。另外,油脂在运输或储存过程中容易发生不同程度的氧化酸败,尤其在高温季节,致使其黏度增加,色泽加深,过氧化值升高,并产生一些挥发性物质及醛、酮、内酯等有刺激性气味的物质,还可能产生环境污染物。饲用油脂的好坏直接影响着畜禽动物的健康状况及生产效益,因此把控油脂品质及安全尤为重要。

实验 10

油脂酸价和酸度的测定

饲用油脂的质量控制指标包括常规质量指标、卫生指标、微生物指标等。油脂常规质量指标包括酸价、过氧化值、皂化值、水分及挥发物、脂肪酸组成等,是影响油脂利用效率最重要的因素。另外,加工工艺、储存容器及人为掺假会明显影响油脂的卫生指标。

酸价是中和 1 g 油脂中游离脂肪酸所需氢氧化钾的毫克数;酸度是游离脂肪酸所占油脂的质量分数。

一、实验目的

掌握酸价和酸度的测定方法。

二、实验原理

试样溶解在乙醚和乙醇的混合溶剂中,然后用氢氧化钾–乙醇标准溶液滴定存在于油脂中的游离脂肪酸。

三、实验材料

1. 实验仪器

铁架台、水浴锅、滴定管(50 mL)、三角瓶(150 mL)、烧杯(250 mL)、称量瓶(30 mm×50 mm)。

2. 实验试剂

(1)1%酚酞指示剂：0.5 g酚酞溶解在体积分数为95%乙醇中，定容至50 mL。

乙醚与体积分数为95%乙醇的混合液：按体积比1∶1混合，每100 mL混合溶剂中加入0.3 mL酚酞指示剂。

0.1 mol/L氢氧化钾-乙醇标准溶液：称取0.28 g氢氧化钾定容至50 mL95%乙醇溶液中。

注意：氢氧化钾不是基准物质，在空气中易吸收水分和CO_2，直接配置不能获得准确的溶液，而是先配成近似浓度的溶液，而后用基准物质(邻苯二甲酸氢钾)进行标定。

氢氧化钾的标定：用邻苯二甲酸氢钾进行标定，反应结束后，溶液呈碱性，pH为9。滴定至溶液由无色变为浅粉色，30 s不褪色为止。具体步骤：① 用称量瓶称0.3 ~ 0.4 g邻苯二甲酸氢钾，烘箱中烘至恒重(105 ~ 110 ℃，40 min)。② 恒重后取出，加50 mL蒸馏水使其溶解(至澄清透明)。③ 在②中滴2滴酚酞指示剂，用待标定的氢氧化钾溶液滴定至微红色，30 s不褪色(注意：滴定管读数、使用方法)为止，记下氢氧化钾的消耗体积。

计算公式：

$$c(\text{KOH}) = \frac{m(\text{KHC}_8\text{H}_4\text{O}_4) \times 100}{V(\text{KOH}) \times M(\text{KHC}_8\text{H}_4\text{O}_4)}$$

式中：m—邻苯二甲酸氢钾质量，g；

$\quad\quad V$—消耗氢氧化钾的体积，mL；

$\quad\quad M$—邻苯二甲酸氢钾的摩尔质量，204 g/mol。

配好的溶液要用棕色瓶储存，塞紧橡皮塞。

3. 实验样品

取油脂10 g，放入150 mL三角瓶中，精确至0.05 g待测，并做一次平行测定。

四、测定步骤

(1)清洗所用的仪器并烘干(110 ℃约20 min，量器不得在烘箱中烘烤)。

(2)乙醚与体积分数为95%乙醇混合液(用于溶解油脂)的处理(除去其中可能存在的油脂杂质的影响)：按$V∶V=1∶1$混合，每100 mL混合溶剂中加入0.3 mL指示剂，并用前面标定过的氢氧化钾-95%乙醇溶液中和，至指示剂由无色变为粉色(管中仍为氢氧化钾-95%乙醇溶液，此步是为了除去乙醚、乙醇中可能含有的油脂，相当于除去杂质的影响)。滴入量很少，要逐滴加入(可能就1滴)。

（3）油脂的溶解。加入 10 g[（10±0.02 g）]样品（准确记录样品质量）至 150 mL 三角瓶中，加入 50～150 mL 预先中和的乙醚、乙醇混合液中并使样品充分溶解（搅匀，不能有分层）。

（4）酸价的滴定分析。用氢氧化钾-95% 乙醇溶液滴定至指示剂终点（无色变为深红色），此时颜色可能较深，记下此时耗去的体积。

（5）做两次平行测定。

五、实验结果

（1）酸价的计算

$$酸价 = \frac{V \times c \times 56.1}{m}$$

式中：V—氢氧化钾-95% 乙醇标准液体积，mL；

$\quad$ C—氢氧化钾准确浓度，mol/L；

$\quad$ m—试样质量，g；

$\quad$ 56.1—氢氧化钾的摩尔质量，g/mol；

一般的酸价范围在 0.8～0.9 之间。

（2）酸度的计算

$$酸度 = \frac{V \times c \times M}{10 \times m}$$

式中：V—所用氢氧化钾标准溶液的体积，mL；

$\quad$ c—所用氢氧化钾标准溶液的准确浓度，mol/L；

$\quad$ M—表示结果所选用的酸的摩尔质量，g/mol；

$\quad$ m—试样的质量，g。

两次测定的算术平均值作为测定的结果。

六、思考题

（1）混合油是不是餐饮垃圾？如何进行混合油的安全评价？

（2）地沟油和混合油的区别是什么？

七、思考拓展

油脂可分为油和脂肪，它的分类与化学结构有什么联系？

（编写者：陈 英）

实验 11

油脂皂化值的测定

油脂皂化值和不皂化物值都能反映油脂的皂化含量,其表示方式是不同的。皂化值是指 1 g 油脂完全皂化所需要的氢氧化钾的毫克数。油脂的皂化不仅包括与氢氧化钾中和的油脂,也包括了油脂中与氢氧化钾中和的游离脂肪酸,因此油脂的皂化值是酸值和酯值之和;不皂化物值是指油脂不皂化的含量,即不与氢氧化钾起反应的量,用质量分数表示。

一、实验目的

掌握用滴定法测定油脂的皂化值。

二、实验原理

将油脂与过量的氢氧化钾、乙醇溶液在回流温度下进行完全皂化反应,完全皂化后,用盐酸标准溶液滴定未反应的氢氧化钾,同时做空白实验,根据消耗盐酸量之差计算皂化值。

三、实验材料

1. 实验仪器

锥形瓶(250 mL)、容量瓶(250 mL)、回流冷凝管(带有连接锥形瓶的磨砂玻璃接头)、加热装置(如恒温水浴锅)、滴定管(50 mL,最小刻度为 0.1 mL)、移液管(25 mL)、分析天平(感量 0.000 1 g)、玻璃珠。

2. 实验试剂

0.5 mol/L 氢氧化钾–乙醇溶液:称取氢氧化钾 30 g,溶于 95% 乙醇溶液中并定容至 1 L,静置 24 h 后取上清液,储存于棕色试剂瓶中备用。

1% 酚酞–乙醇指示剂:称取酚酞 1 g,溶于 100 mL 95% 乙醇溶液中。

0.5 mol/L 盐酸标准溶液:取浓盐酸(12 mol/L)10.4 mL,加水稀释到 250 mL,需要标定。

标定 0.5 mol/L 盐酸标准溶液:称取在 105 ℃干燥恒重的基准无水碳酸钠 0.4 g 左右(称准至 0.000 1 g),放入 250 mL 锥形瓶中,以 50 mL 蒸馏水溶解,加 10 滴溴甲酚绿–甲基红指示液,用配制好的盐酸溶液滴定至溶液由绿色变为暗红色,煮沸 2 min,冷却后继续滴定至溶液再呈暗红色。同时做空白试验,以平行测定三次的算术平均值作为测定结果。

四、测定步骤

(1)称样:称取约2 g试样并置于磨口的250 mL锥形瓶中。

(2)用移液管准确移取25 mL 0.5 mol/L氢氧化钾-乙醇溶液于锥形瓶中。

(3)加热回流皂化:于锥形瓶中加入助沸物,连接回流冷凝管,在水浴锅上加热煮沸60 min,直到油脂完全皂化(瓶内澄清透明,无明显的油珠)。

(4)滴定:取下锥形瓶,加入2~3滴酚酞指示剂,以0.5 mol/L盐酸标准溶液滴定至红色消失为止。

(5)同时做空白实验和平行实验。

(6)注意事项:

①如果溶液颜色较深,终点观察不明显,可以改用$\rho=10$ g/L的百里酚酞作指示剂。

②两次平行测定结果允许误差不大于0.5。

五、实验结果

$$I_s = \frac{(V_0 - V_1) \times c \times 56.1}{m}$$

式中:I_s—皂化值(以氢氧化钾计),mg/g;

   V_0—空白试验所消耗盐酸标准溶液的体积,mL;

   V_1—试样所消耗盐酸标准溶液的体积,mL;

   c—盐酸标准溶液的实际浓度,mol/L;

   m—试样的质量,g;

   56.1—氢氧化钾的摩尔质量,g/mol。

六、思考题

(1)酸价和皂化值的区别是什么?

(2)皂化值越大说明油脂品质越差吗?

七、思考拓展

(1)皂化时要防止乙醇从冷凝管口挥发,同时要注意滴定液的体积,盐酸标准溶液用量大于15 mL,要适当补加中性乙醇。

(2)了解工业制肥皂的流程。

(编写者:陈 英)

实验 12

油脂不皂化物含量的测定

一、实验目的

掌握乙醚提取油脂不皂化物含量的测定方法。

二、实验原理

油脂与氢氧化钾-乙醇溶液在煮沸回流条件下进行皂化,用乙醚从皂化液中提取不皂化物,蒸发溶剂并对残留物进行干燥后称重。

三、实验材料

1. 实验仪器

圆底烧瓶(250 mL,标准磨口)、回流冷凝管(带有连接锥形瓶的磨砂玻璃接头)、恒温水浴锅、分液漏斗(500 mL)、电烘箱、分析天平(感量0.000 1 g)。

2. 实验试剂

(1)1 mol/L氢氧化钾-乙醇溶液:称取氢氧化钾60 g,溶于50 mL水中,然后用体积分数为95%乙醇稀释定容至1 000 mL。溶液应为无色或浅黄色。

(2)1 mol/L氢氧化钾水溶液:称取1.4 g左右氢氧化钾固体,置于100 mL烧杯中,用大约50 mL水溶解后,转移至250 mL容量瓶中,加水定容至250 mL。

(3)1%酚酞-乙醇指示剂:称取酚酞1 g,溶于100 mL95%的乙醇溶液中。

(4)丙酮(分析纯)、乙醚(不含过氧化物和残留物)。

四、实验步骤

1. 皂化

操作同实验11。

2. 不皂化物的提取

冷却后转移皂化液到500 mL分液漏斗中,用100 mL乙醚分几次洗涤烧瓶和沸石,并将液体倒入分液漏斗。盖好盖子,倒转分液漏斗,用力摇1 min,小心打开旋塞,间歇地释放内部压力。静置分层后,将下层皂化液尽量完全放入第二只分液漏斗中。如果形成乳化液,可加少量乙醇或浓氢氧化钾或氯化钠溶液进行破乳。

3. 乙醚提取液的洗涤

轻轻转动装有提取液和40 mL水的分液漏斗。

注意:剧烈摇动可能会形成乳化液。

等待完全分层后弃去下面水层。用40 mL水再洗涤乙醚溶液两次,每次都要剧烈振摇,且在分层后弃去下面水层。排除洗涤时间需留2 mL,然后沿轴线旋转分液漏斗,等待几分钟保留的水层分离。弃去水层,当乙醚溶液到达旋塞口时关闭旋塞。

用40 mL氢氧化钾水溶液和40 mL水相继洗涤乙醚溶液后,再用40 mL氢氧化钾水溶液进行洗涤,然后用40 mL水至少洗涤两次。

继续用水洗涤,直到加入1滴酚酞溶液至洗涤液后,不再呈粉红色为止。

4. 蒸发溶剂

通过分液漏斗的上口,小心地将乙醚溶液全部转移至250 mL烧瓶中,此烧瓶需预先在(103±3)℃烘箱中干燥,冷却后称量,精确至0.000 1 g,在沸水浴上蒸馏回收溶剂。加入5 mL丙酮,在沸水浴上转动时倾斜握住烧瓶,在缓缓的空气气流下,将挥发性溶剂完全蒸发。

5. 残留物质的干燥和测定

(1)将烧瓶水平放置在(103±3)℃的烘箱中,冷却干燥30 min,取出称量,精确至0.000 1 g。

按上述方法间隔30 min重复干燥,直至两次称量质量相差不超过1.5 mg。如果经三次干燥还不恒重,则不皂化物可能被污染,需重新进行测定。

注意:不皂化物需要进一步检测时,若条件允许,可使用真空旋转蒸发仪。

(2)当需要对残留物中的游离脂肪酸进行校正时,将称量后的残留物溶于4 mL乙醚中,然后加入20 mL预先中和到酚酞指示剂呈淡粉色的乙醇中。用0.1 mol/L标准氢氧化钾-乙醇溶液滴定至相同的终点颜色。

以油酸来计算游离脂肪酸的质量,并以此校正残留物的质量。

6. 测定次数

同一试样需要做两次平行测定。

7. 空白试验

用相同步骤及相同量的所有试剂,但不加试样进行空白试验。如果残留物超过1.5 mg,需对试剂和方法进行检查。

五、实验结果

试样中的不皂化物含量按如下公式计算：

$$X = \frac{m_1 - m_2 - m_3}{m_0} \times 100$$

式中：X—试样中不皂化物的含量，以质量分数计，%；

m_0—试样的质量，g；

m_1—残留物的质量，g；

m_2—空白试验的残留物质量，g；

m_3—游离脂肪酸的质量，如果需要，等于 $0.28\ V \cdot c$，g。其中：V 为滴定所用氢氧化钾–乙醇标准溶液的体积，mL；c 为氢氧化钾–乙醇标准溶液的准确浓度，mol/L。

六、思考题

(1)怎样用油脂中不皂化物含量来判断油脂纯度和精炼程度？

(2)油脂中不皂化物的主要成分是什么？

七、思考拓展

(1)油脂中的不皂化物含量对油脂品质有哪些影响？

(2)油脂中皂化值和不皂化物含量的关系是什么？

（编写者：陈 英）

实验 13

油脂过氧化值的测定

过氧化值是表示油脂和脂肪酸等被氧化程度的一种指标,是1 kg油脂中的活性氧含量,以过氧化物的毫摩尔数表示。油脂过氧化值也是衡量油脂酸败和变质程度的指标,一般过氧化值越大,油脂的酸败就越厉害。在《食用植物油卫生标准的分析方法》(GB/T 5009.37—2003)中,提及了对食用植物油中酸价、过氧化值等的检测方法和标准。油脂过氧化值的测定方法有很多,如碘量法、比色法、分光光度法等。

一、实验目的

掌握油脂过氧值的测定方法。

二、试验原理

油脂氧化过程中产生过氧化物,与碘化钾作用,生成游离碘,以硫代硫酸钠溶液进行滴定,计算含量。

三、试验材料

1. 实验仪器

分析天平、量筒(100 mL)、烧杯(250 mL、50 mL)、试剂瓶(500 mL)。

2. 实验试剂

饱和碘化钾溶液:称取14 g碘化钾,加10 mL水溶解,必要时微热加速溶解,冷却后储存于棕色瓶中。

三氯甲烷–冰乙酸混合液:量取40 mL三氯甲烷,加60 mL冰乙酸,混匀。

0.02 mol/L硫代硫酸钠标准溶液:称取5 g硫代硫酸钠($Na_2S_2O_3 \cdot 5H_2O$)(或3 g无水硫代硫酸钠),溶于1 000 mL水中,缓缓煮沸10 min,冷却。放置两周后过滤备用。

10 g/L淀粉指示剂:称取可溶性淀粉0.50 g,加入少许水调成糊状倒入50 mL沸水中调匀,煮沸,临用时现配。

四、实验步骤

精确称取 2.00~3.00 g 混匀的油脂样品,置于 250 mL 碘量瓶中,加 30 mL 三氯甲烷–冰乙酸混合液(因为纯品对光敏感,遇光照会与空气中的氧作用,逐渐分解而生成剧毒的光气(碳酰氯)和氯化氢,为此可加入体积分数为 0.6%~1% 的乙醇作稳定剂,使与乙醇、苯、乙醚、石油醚、四氯化碳、二硫化碳和油类等混溶),使样品完全溶解;加入 1.00 mL 饱和碘化钾溶液。塞紧瓶塞,并轻轻振摇 0.5 min,然后在暗处放置 5 min,取出后再加 100 mL 水,摇匀。然后立即用硫代硫酸钠标准溶液滴定,至淡黄色时,加 1 mL 淀粉指示剂,继续滴定至蓝色消失为终点。取相同量的三氯甲烷–冰乙酸混合液、碘化钾溶液、水,按同一方法做试剂空白试验。

五、实验结果

试样的过氧化值按下式计算:

$$X = \frac{(V - V_0) \times c \times 0.1269}{m} \times 100$$

式中:X—样品的过氧化值,%;

V—样品消耗硫代硫酸钠溶液的体积,mL;

V_0—空白消耗硫代硫酸钠溶液的体积,mL;

c—硫代硫酸钠标准溶液的物质的量浓度,mol/L;

m—试样质量,g;

0.1269—与 1.00 mL 硫代硫酸钠标准滴定溶液 $[c(Na_2S_2O_3) = 1.00 \text{ mol/L}]$ 相当的碘的质量,g/mol。

注意:新鲜油脂,其过氧化值不应大于 0.15%。

六、思考题

为什么在测定油脂时要分离皂化物与不皂化物? 不分离就不能测定吗?

七、思考拓展

油脂中的不皂化物含量对油脂品质有哪些影响?

(编写者:陈 英)

第六节 青贮饲料的品质鉴定

青贮是将青绿饲料切短后，装填入窖、塔、袋或在平地上进行密封处理，在一定条件下建立以乳酸菌厌氧发酵为主，产生酸性环境，抑制其他微生物的繁衍，从而达到长期保存青绿饲料营养特性的一种处理技术。青贮饲料是反刍动物的主要粗饲料之一，占粗饲料的30%~70%。制作青贮饲料也是调节全年青绿饲料供需平衡的主要方法。青贮饲料的营养价值主要取决于原料的营养价值和发酵品质。优质青贮饲料可提高动物的生产性能和产品品质、降低饲料成本；劣质青贮饲料不仅会降低动物的生产性能，还可能导致动物产品霉菌毒素含量超标等安全性事件。评价青贮饲料品质的方法主要有感官评定法和化学评定法。

实验14

青贮饲料的感官评定

感官评定是生产中评定青贮饲料品质最方便快捷、成本最低和最普遍的方法。依靠评定者的视觉、嗅觉和触觉对青贮饲料品质进行评估，可以快速大致地反映青贮饲料的品质。评定指标主要包括颜色、气味、结构、质地和湿润度等。

一、实验目的

掌握青贮饲料感官评定方法，通过品质鉴定，可以判断青贮饲料营养价值的高低，检查青贮技术是否正确。

二、实验原理

青贮饲料的品质与其色泽、气味、结构、质地和湿润度等因素密切相关，这些因素是饲料品质好坏的直接反映。

三、实验材料

瓷盘、不同品质的青贮饲料。

四、实验步骤

将青贮饲料放于瓷盘中或抓在手里,进行颜色、气味、结构、质地和湿润度的感官评定。

1. 颜色

优质的青贮饲料非常接近作物原有的颜色。若青贮前作物为绿色,青贮后仍为绿色或黄绿色者则为最佳。青贮发酵的温度是影响青贮饲料色泽的主要因素,温度越低,青贮饲料就越接近于原先的颜色。对于禾本科牧草,温度高于30 ℃,颜色变成深黄;当温度为45～60 ℃,颜色接近于棕色;超过60 ℃,由于糖分焦化而颜色近乎黑色。一般来说,品质优良的青贮饲料颜色呈黄绿色或青绿色,中等的呈黄褐色或暗绿色,劣等的呈褐色或黑色。

2. 气味

品质优良的青贮饲料乳酸含量较高,具有轻微的酸味或水果香味。若青贮饲料有刺鼻的酸味或丁酸臭味,芳香味较弱,则含乙酸较多并含有一定量的丁酸,品质较次;腐烂并具有臭味的则为劣等,丁酸含量高,不宜喂家畜。总之,芳香且喜闻者为上等,刺鼻者为中等,臭且难闻者为劣等。出现较强的臭味,说明青贮饲料的蛋白质已大量分解。

3. 结构、质地和湿润度

植物的茎、叶等结构应当能清晰辨认,结构破坏及呈黏滑状态是青贮腐败的标志,黏度越大,表示腐败程度越高。优良的青贮饲料,在窖内压得非常紧实,但拿起时松散柔软,略显湿润,握紧松开后不粘手,且叶脉清晰,茎、叶、花保持原状,容易分离。中等青贮饲料茎叶部分保持原状、柔软,水分较多,但茎叶分离困难。劣等青贮结成一团,茎叶腐烂且黏结在一起,分不清原有结构。

全株玉米青贮饲料中的玉米籽粒应大部分破碎,玉米籽实破碎率≥90%,或每升青贮饲料中的整粒玉米不超过2粒。玉米青贮饲料的切割长度为1～1.5 cm,苜蓿半干青贮饲料的切割长度为2～4 cm。

五、实验结果与分析

根据上述评定方法,可依据感官评定结果进行综合评定(表6-1),得分越高,青贮品质越好。

表6-1　青贮饲料的品质评定表

等级	评分	颜色	气味	结构、质地	湿润度
优良	3分	绿色或黄绿色	芳香酒酸味	茎叶明显,结构良好	松散柔软,握紧松开后不粘手
中等	2分	黄褐色或暗绿色	有刺鼻酸味	茎叶部分保持原状	水分较多,握紧松开后部分粘手
低劣	1分	黑色	腐臭味或霉味	腐烂,污泥状	水分较多,成团、发黏

六、思考题

为什么品质越好的青贮饲料,颜色越接近于作物原有的颜色,植物的茎叶等结构越清晰?

七、思考拓展

为什么要求全株玉米青贮饲料中的玉米籽粒破碎率≥90%?

(编写者:黄文明)

实验 15

青贮饲料的化学评定

青贮饲料的化学评定是比感官评定更准确和可靠的评定方法,需要借助相应的仪器设备,部分仪器的价格较高且不易携带。化学评定的主要指标有pH、氨态氮与总氮的比值、有机酸含量等。除pH外,其余指标适用于实验室检测,或用便携式近红外仪测定。

一、实验目的

掌握青贮饲料化学评定的一般程序和操作方法,通过品质鉴定,可以判断青贮饲料营养价值的高低,检查青贮技术是否正确。

二、实验原理

青贮饲料pH的高低是乳酸菌发酵程度的表现;有机酸总量和组成反映了青贮饲料发酵的好坏,乳酸所占比例越高越好,丁酸(腐败菌发酵产生)所占比例越低越好;氨态氮与总氮的比值反映了青贮过程中蛋白质的降解程度,比值越高,说明蛋白质降解越多,腐败菌也越多。

三、实验材料

1. 实验仪器

试管(20 mL)、烧杯(500 mL)、吸管(2~5 mL)、移液器(100 μL)、pH试纸、玻璃棒、比色板、漏斗、滤纸、分光光度计(1 cm玻璃比色皿)、水浴锅。

2. 实验试剂

混合指示剂:0.04%甲基红和0.04%溴甲酚绿(1:1.5比例混合)。

0.04%甲基红指示剂:称取0.1 g甲基红放入研钵内,加入0.02 mol/L的氢氧化钠溶液10.6 mL,研磨使完全溶解,再用蒸馏水稀释至250 mL。

0.04%溴甲酚绿指示剂:称取0.1 g溴甲酚绿放入研钵中,加入0.02 mol/L氢氧化钠溶液18.6 mL,研磨使完全溶解,再用蒸馏水稀释至250 mL。

苯酚试剂:将0.15 g亚硝基铁氰化钠溶解在1.5 L蒸馏水中,再加入29.7 g结晶苯酚,定容到3 L,储存在棕色玻璃试剂瓶中,低温保存。

次氯酸钠试剂:将15 g氢氧化钠溶解在2 L蒸馏水中,再加入113.6 g磷酸氢二钠,中火加热并不断搅拌至完全溶解。冷却后加入44.1 mL含8.5%活性氯的次氯酸钠溶液并混匀,定容到3 L,储藏于棕色试剂瓶中,低温保存。

标准铵储备液:称取0.660 7 g经100 ℃烘干24 h的硫酸铵溶于蒸馏水中,定容至100 mL,配制成100 mmol/L的标准铵贮备液。

四、实验步骤与结果分析

1. pH测定

pH是衡量青贮饲料品质好坏的重要指标之一。实验室可用酸度计测定pH,生产现场可用石蕊试纸测定。

(1)实验步骤

①称取20 g青贮样品放置于500 mL烧杯中。

②加入180 mL蒸馏水,常温条件下搅拌浸提5 min。

③用纱布过滤。

④用酸度计测定滤液的pH。除用酸度计测定外,也可用石蕊试纸测定。

用精密石蕊试纸一张,放入少量的青贮饲料浸出液中,然后取出与标准色比较,观察其pH范围。

(2)结果与分析

优良禾本科青贮饲料pH3.6~4.3为品质良好,pH4.3~5.0为品质一般,pH5.0以上为品质劣等。pH超过4.3(低水分青贮除外)说明青贮发酵过程中,腐败菌、酪酸菌等活动较为强烈。

2. 氨态氮与总氮的比值测定

氨态氮占总氮的比值(NH_3-N/TN)是衡量青贮饲料品质好坏的重要指标之一。采用苯酚–次氯酸钠比色法测定浸提液的NH_3-N含量,采用凯氏定氮仪测定TN含量,依据测定结果计算NH_3-N占样品干物质和TN的比值。

（1）实验步骤

①标准曲线的建立。取标准铵贮备液稀释配制成 1.0 mmol/L、2.0 mmol/L、3.0 mmol/L、4.0 mmol/L、5.0 mmol/L 五种不同浓度梯度的标准液。向每支试管中加入 50 μL 标准液，空白为 50 μL 蒸馏水；向每支试管中加入 2.5 mL 的苯酚试剂，摇匀；再向每支试管中加入 2 mL 次氯酸钠试剂，并混匀；将混合液在 95 ℃ 水浴中加热显色反应 5 min；冷却后，630 nm 波长下比色。以吸光度和标准液浓度为坐标轴作标准曲线。

②称取 20 g 青贮样品放置于 500 mL 烧杯中。

③加入 180 mL 蒸馏水，常温条件下搅拌浸提 5 min 后用定性滤纸过滤。

④取 50 μL 过滤液置于 10 mL 玻璃试管中，加入 2.5 mL 苯酚试剂和 2 mL 次氯酸钠试剂，测定方法同建立标准曲线时的测定方法，测出吸光度。

⑤用凯氏定氮法测定青贮样品中的总氮含量。

(2) 结果与分析

根据以下公式计算 $NH_3\text{-}N/TN$。

$$X = \frac{\rho \times D \times (180 + 20 \times M) \times 14}{20 \times N}$$

式中：X—氨态氮占总氮的质量分数，%；

ρ—样液的氨态氮浓度，mmol/L；

D—样液的总稀释倍数；

M—样品的水分质量分数，%；

N—试样的总氮占鲜样的质量分数，%。

$NH_3\text{-}N/TN$ 反映了青贮饲料中蛋白质和氨基酸的分解程度，比值越大，说明蛋白质的分解越多，青贮饲料的品质就越差。优质青贮饲料的 $NH_3\text{-}N/TN$ 小于 10%。

五、思考题

青贮饲料化学成分和营养价值与青贮之前相比有何变化？

六、思考拓展

青贮饲料的 pH 是否是越低越好？是禾本科植物还是豆科植物青贮的 pH 更低？

（编写者：黄文明）

第七节　饲料纤维成分的分析

　　粗纤维不是一种纯化合物,而是几种化合物的混合物。传统的粗纤维测定存在严重的缺点,测得的结果仅包括部分纤维素和少量的半纤维素、木质素,所以测定值比实际值偏低,进而导致计算得出的无氮浸出物含量高于实际值。粗纤维中的纤维素和半纤维素能够被动物体内的微生物降解,为动物提供营养素。因此,用粗纤维的含量来评判饲料的价值稍显不足。鉴于此,Van Soest(1976)提出了改进方案,即范氏洗涤纤维分析方法。

实验 16

范氏洗涤纤维分析法

一、实验目的

　　掌握范氏洗涤纤维分析法准确测定植物性饲料中所含的半纤维素、纤维素、木质素以及酸不溶灰分的含量。

二、实验原理

　　植物性饲料样品经中性洗涤剂处理后得到的不溶解残渣即为中性洗涤纤维(NDF),其中包括半纤维素、纤维素、木质素、硅酸盐和很少量的蛋白质;NDF再经酸性洗涤剂处理后的剩余残渣即为酸性洗涤纤维(ADF),其中包括纤维素、木质素和硅酸盐;ADF再经72%硫酸消化,剩余残渣包括酸性洗涤木质素(ADL)和硅酸盐;72%硫酸消化残渣经灰化处理[(550±20)℃灼烧]后,剩余灰分为饲料中的硅酸盐(即酸不溶灰分)。通过各步骤的失重依次测得半纤维素、纤维素、木质素及酸不溶灰分的含量。

三、实验材料

1. 实验仪器

　　冷凝器或冷凝装置、高脚烧杯(600 mL)、表面皿(直径12 cm)、玻璃坩埚(40 mL)、烧杯(1 000 mL)、量筒(100 mL)、长玻棒、滴管、容量瓶(1 000 mL)、坩埚钳、洗瓶、分析天平、植物粉碎机、分析筛(40目)、干燥箱、电热板、干燥器、抽滤装置、高温炉。

2. 实验试剂

浓硫酸(化学纯)、无水亚硫酸钠(化学纯)、丙酮(化学纯)、十氢化奈(化学纯)、3%十二烷基硫酸钠、2%十六烷三甲基溴化铵。

3%十二烷基硫酸钠(中性洗涤剂):准确称取18.6 g乙二胺四乙酸二钠(EDTA,化学纯)和6.8 g硼酸钠(化学纯)一同放入1 000 mL烧杯中,加入少量蒸馏水,加热溶解后,再加入20 g十二烷基硫酸钠(化学纯)和10 mL乙二醇乙醚(化学纯);称取4.56 g无水磷酸氢二钠(化学纯)于另一烧杯中,加少量蒸馏水微微加热溶解后。倾入第一个烧杯中,在容量瓶中定容至1 000 mL,此溶液pH在6.9~7.1之间(pH一般不需要调整)。

2%十六烷三甲基溴化铵(酸性洗涤剂):称取20 g十六烷三甲基溴化铵(CTAB,化学纯)溶于1.00 mol/L硫酸溶液,搅拌溶解,必要时过滤,用1.00 mol/L硫酸溶液定容至1 000 mL。

1.00 mol/L硫酸溶液:取约27.87 mL浓硫酸,慢慢加入已装有500 mL蒸馏水的烧杯中,冷却后转移至1 000 mL容量瓶中并定容,待标定。

72%硫酸溶液:量取浓硫酸668.8 mL,慢慢地加入已盛有331.2 mL蒸馏水的1 000 mL烧杯中,不断搅拌使之冷却,冷却后转移至1 000 mL容量瓶中并定容。

3. 实验样品
风干饲料样品。

四、实验方法

1. NDF测定步骤
(1)准确称取风干样(通过40目筛)1 g,置于高脚烧杯中。注意:在用中性洗涤剂处理时,高蛋白、高淀粉饲料对NDF有影响。这时,可先用蛋白酶、α-淀粉酶处理后再进行测定,分别得到蛋白酶处理的中性洗涤纤维和α-淀粉酶处理的中性洗涤纤维。

(2)加入室温的中性洗涤剂100 mL和数滴十氢化萘(消泡剂)以及0.5 g无水亚硫酸钠,不要求十分准确。

(3)套上冷凝装置,立即置于电炉上尽快煮沸(1 min内煮沸),溶液沸腾后调节电炉使其始终保持微沸状态1 h。注意:用洗涤剂消煮时要保证洗涤剂的浓度不变,要求回流冷凝装置较严。消煮时应呈微沸状态,防止产生的大量泡沫使样品黏附于烧杯壁上,造成消煮不完全而影响测定结果。

(4)煮沸完毕后离开热源,冷却10 min,将已知质量的玻璃坩埚安装在抽滤瓶上,将残渣全部移入,抽滤,并用热水冲洗、抽滤残渣至无泡沫,将滤液全部滤干。注意:在测定中性洗涤纤维时,抽气强度不宜过大,以防止产生大量泡沫,而测定酸性洗涤纤维时可适当增加抽气强度,以提高过滤速度。

（5）用20 mL丙酮冲洗2次,抽滤。

（6）取下玻璃坩埚,在(105±2)℃条件下烘干,称至恒重。

2. ADF测定步骤

（1）准确称取风干样(通过40目筛)1 g,置于高脚烧杯中。

（2）加入室温的酸性洗涤剂100 mL和数滴十氢化萘。

（3）同中性洗涤纤维测定步骤(3)。

（4）趁热用已知重量的玻璃坩埚在抽滤装置上过滤,将残渣团块用玻璃棒打碎后,用200 mL沸水浸泡15～30 s后冲洗过滤,反复冲洗至中性。

（5）用少量丙酮洗涤残渣,反复冲洗滤液至无色为止,抽净全部丙酮。

（6）取下玻璃坩埚,在(105±2)℃条件下烘干,称至恒重。

3. ADL测定步骤

（1）酸性洗涤木质素测定前部分处理完全同ADF测定(1)～(4)步骤。

（2）将洗至中性残渣的坩埚完全抽滤干净,置于一搪瓷盘,坩埚中加入72%的硫酸浸泡,硫酸完全浸没坩埚中的残渣,用硫酸浸泡处理残渣3 h。注意:每次加72%硫酸的量超过残渣的1/3为宜,保持残渣完全浸没在72%的硫酸中。

（3）浸泡结束,即可将玻璃坩埚外周用蒸馏水冲洗,安装于抽滤装置上用热的蒸馏水冲洗过滤,洗涤过程中可用玻璃棒搅动坩埚中的残渣,洗至中性。

（4）取下玻璃坩埚,在(105±2)℃条件下烘干,称至恒重。

（5）将称至恒重的玻璃坩埚,炭化至无烟,转入(550±20)℃高温炉中灰化3～4 h,然后称至恒重。注意:用小火慢慢炭化样品中的有机物质,如果炭化时火力太大,则有可能由于物质进行剧烈干馏而使部分样品颗粒被逸出的气体带走,从而影响测定结果。

五、实验结果

1. NDF质量分数的计算公式

$$NDF(\%) = \frac{m_1 - m_2}{m} \times 100$$

式中:m_1—玻璃坩埚和NDF的质量,g;

　　　m_2—玻璃坩埚的质量,g;

　　　m—样本质量,g。

2. ADF 质量分数的计算公式

$$ADF(\%) = \frac{m_1' - m_2'}{m'} \times 100$$

式中：m_1'——玻璃坩埚和 ADF 的质量，g；

      m_2'——玻璃坩埚的质量，g；

      m'——样本质量，g。

3. 半纤维素质量分数的计算公式

$$半纤维素(\%) = NDF(\%) - ADF(\%)$$

4. 纤维素质量分数的计算公式

$$纤维素(\%) = ADF(\%) - 72\% \ H_2SO_4 处理后的残渣(\%)$$

5. ADL 质量分数的计算公式

$$ADL(\%) = 72\% \ H_2SO_4 处理后的残渣(\%) - 灰分(硅酸盐)(\%)$$

6. 酸不溶灰分（AIA）质量分数的计算公式

$$AIA(\%) = \frac{m_1'' - m_2'}{m'} \times 100$$

式中：m_1''——玻璃坩埚和灰分的质量，g；

      m_2'——玻璃坩埚的质量，g；

      m'——样本质量，g。

注：真正的 NDF 和 ADF 应扣除粗灰分。

六、思考题

(1) 中性洗涤纤维测定时，为什么要调节中性洗涤剂至中性？

(2) 中性洗涤纤维和酸性洗涤纤维测定中为什么要用丙酮处理残渣？

七、思考拓展

如何计算动物粪便中纤维素、半纤维素的质量分数？

（编写者：朱 智）

实验 17

非淀粉多糖的分析测定

非淀粉多糖(NSP)是植物组织中除淀粉以外的所有碳水化合物的总称,它们的特殊结构使它们具有一定的抗营养特性。有些非淀粉多糖和抗性淀粉能助长肠道微生物发酵和增加食糜在消化道的排泄速度,影响日粮中有效养分的消化与吸收,致使动物生长缓慢,饲料转化率降低,特别是对猪和家禽这类单胃动物。因此,测定饲料中非淀粉多糖的含量具有重要意义,为饲料营养价值的评价提供一定的理论依据。

一、实验目的

主要利用气相色谱法测定饲料中非淀粉多糖的含量。

二、实验原理

采用气相色谱法测定饲料样品中的可溶性非淀粉多糖(SNSP)和不溶性非淀粉多糖(INSP)含量,并且对其 NSP 的各组成单糖含量采用糖醇乙酯衍生物制备气相色谱法进行测定。

三、实验材料

1. 实验仪器

气相色谱、毛细管柱(30 m × 0.25 mm × 0.25 mm)。

2. 实验试剂

硼氢化钠、乙酸乙酯、乙酸酐、1-甲基咪唑、耐热 α-淀粉酶、葡糖苷淀粉酶和少量葡萄糖、半乳糖、阿拉伯糖、木糖、甘露糖、果糖、核糖、鼠李糖、阿洛糖和肌醇基准物。

3. 实验样品

饲料样品。

四、实验方法

1. 样品制备

称取经粉碎过 0.5 mm 筛的风干样品 100 mg 到 35 mL 带螺盖的玻璃离心管中。在离心管中加入 3 mL 0.02 mol/L 磷酸缓冲液(pH 6.9),混匀,在 100 ℃水浴中温育 30 min。快速加入 α-淀粉酶 50 μL,混匀,放入 90 ℃水浴中温育 30 min,取出离心管,冷却到 59 ℃,加入 4 mL 乙酸钠缓冲液(0.2 mol/L,pH 4.5),混匀,加入葡糖苷淀粉酶 50 μL,混匀,放入 59 ℃恒温摇床,摇动温育 16 h,水解产物在 3 500 r/min 下离心 30 min。

2. SNSP 测定

取上述上清液到带螺盖的离心管中,加 20 mL 无水乙醇,混匀,在冰浴中静置 30 min,在 4 ℃下,3 500 r/min 离心 20 min,弃去上清液;加入 10 mL 80%乙醇,冰浴中静置 30 min,3 500 r/min 离心 20 min,弃去上清液;再加入 10 mL 丙酮,冰浴中静置 30 min,3 500 r/min 离心 20 min,弃去上清液,用氮气将沉淀吹干。加 1.0 mL 1 mol/L H_2SO_4,拧紧螺盖,在 100 ℃水浴中煮沸加热 3 h。取出试管冷却,取 0.2 mL 水解液到 30 mL 试管中,加入 0.05 mL 28%的氨水溶液,充分混合。分别加入 1.0 mg/mL 肌醇和阿洛糖溶液各 50 μL,充分混合。将混合液加入 30 mL 带螺盖的玻璃试管中,加入 0.2 mL 无水乙醇、3 mol/L 氨水溶液,混匀;再加入新制备的 $NaBH_4$ 0.3 mL,拧紧瓶盖,在 40 ℃水浴中振荡培养 1 h。加入 200 μL 冰乙酸、0.5 mL 1-甲基咪唑和 5 mL 乙酸酐,混合后在室温放置 10 min。趁热加入 0.8 mL 无水乙醇,混合后放置 10 min;置于冰浴中 15 min,缓慢加入 5 mL 水。加入 7.5 mol/L 氢氧化钾 5 mL,在冰浴中静置 10 min 以上,再加入 7.5 mol/L 氢氧化钾 5 mL,静置。将上层液体移取到 4 mL 试管中,加入 1 mL 蒸馏水,充分摇振后,静置分层,再吸取上层液体到 0.5 mL 细玻璃管中。用氮气吹干,加二氯甲烷 1 mL,取 1 μL 用于气相色谱测定。

3. INSP 测定

用 10 mL 蒸馏水冲洗上述沉淀,在 3 500 r/min 下离心 15 min,弃上清液,用 2 mL 丙酮冲洗沉淀,离心,弃上清液,用 N_2 将沉淀吹干。加入 1 mL 12 mol/L H_2SO_4,在 35 ℃恒温水浴中水解 1 h。加入蒸馏水拧紧螺盖,在 100 ℃水浴中温育 2 h。取 0.2 mL 水解液加入 30 mL 带盖的大试管中,加 0.05 mL 28%的氨水溶液,充分混合。按前面步骤还原与乙酰化单糖。

4. 色谱条件

载气为 N_2,压力为 103 kPa;辅助气体空气流量 300 mL/min,助燃气体氢气流量 30 mL/min;进样方式为分流进样,分流比 1/20;进样口温度 220 ℃;FID 氢火焰检测器温度 280 ℃;程序升温为柱起始温度 180 ℃,保持 3 min,5 min 内升温至 220 ℃,保持 20 min。

五、实验结果

根据气相色谱分析结果,用内标法计算出样品中 SNSP 和 INSP 单糖的含量及 NSP 的总含量。

计算公式如下:

$$W_x = \frac{(A_t/A_i) \times R_{ft} \times W_i \times 稀释倍数 \times C_t}{D_t \times W_t}$$

式中:W_x——待测单糖的含量,g/kg;

A_t——待测糖的气相色谱峰面积;

A_i——内标物的峰面积;

W_i——内标物的质量;

C_t——单糖换算为聚糖时的转化系数,为 0.88 或 0.90;

D_t——待测糖水解回收率;

W_t——待测样品的质量;

R_{ft}——在标准混合糖溶液中待测糖的响应系数,$R_{ft}=(A_j \times W_s)/(A_s \times W_j)$。

其中:

A_j——标准糖样品中内标糖的色谱峰面积;

A_s——标样中待测糖的色谱峰面积;

W_s——标样中加入的内标糖质量;

W_j——标样中待测糖的质量。

六、思考题

(1)α-淀粉酶、葡糖苷淀粉酶的使用是否会影响测定结果?

(2)酶的加入温度和时间是否会影响测定结果?

七、思考拓展

思考如何进行高效液相色谱法测定饲料中可溶性非淀粉多糖的含量。

(编写者:朱 智)

第八节　饲料酸结合力的测定

饲料的酸结合力（系酸力）是指一定质量的饲料对酸性物质具有的酸度缓冲能力,是饲料化学性质的一个重要方面。日粮的酸结合力与断奶仔猪生长性能有关,对于早期断奶仔猪,由于不能分泌足够的胃酸,加上一些饲料原料具有较强的酸缓冲力,使得胃内难以维持适当的 pH 和足够的酶活性,表现出对以植物蛋白为主的饲料的消化不良。胃酸分泌不足和断奶应激等也会影响消化道内微生态平衡,使得有害菌大量滋生,并导致仔猪腹泻。因此,测定饲料的酸结合力对动物,特别是对幼龄动物具有重要意义。

实验 18

饲料酸结合力的测定

一、实验目的

掌握饲料酸结合力的测定方法。

二、实验原理

饲料的酸结合力是指一定质量的饲料对酸性物质具有的酸度缓冲能力,通常用 1.00 mol/L 标准盐酸溶液滴定至溶液 pH 为 4.0 时的盐酸溶液消耗量率表示。

三、实验材料

1. 实验仪器

酸度计、恒温磁力搅拌器、温度计、微型植物粉碎机、分析天平、恒温水浴锅、容量瓶（250 mL、1 000 mL）、酸式滴定管、烧杯（500 mL）、分样筛、铁架台、玻璃棒。

2. 实验试剂

1.00 mol/L 盐酸溶液、硼酸溶液、去离子水、氢氧化钠溶液、标准缓冲液〔pH 4.00（25 ℃）、pH 6.86（25 ℃）〕。

3. 实验样品

饲料原料、产品饲料等。

四、实验方法

（1）将饲料样品经粉碎后过60目筛（<0.25 mm），再用四分法取样。

（2）用分析天平准确称取10.0 g风干饲料样品于干燥洁净的500 mL烧杯中。

（3）加入90 mL去离子水，在恒温水浴中加热至温度达到37 ℃左右，用磁力搅拌器（或玻璃棒）充分搅拌，并插入温度计并控制温度在（37±1）℃，浸泡20～30 min。

（4）将酸度计电极插入溶液中。

（5）用1.00 mol/L标准盐酸溶液滴定，边滴边搅拌，滴入后至溶液pH恒定在4.0时，记录盐酸溶液的用量。

五、实验结果及分析

酸结合力＝溶液pH恒定在4.0时所消耗1.00 mol/L标准盐酸溶液的毫升数。

六、思考题

降低仔猪的饲料酸结合力有什么意义？

七、思考拓展

幼龄仔猪和成年反刍动物对饲料酸结合力有什么不同的要求？添加哪些添加剂可以调节饲料的酸结合力？

（编写者：王 琪）

第九节　饲料中霉菌毒素的快速检测

饲料霉菌毒素感染已成为饲料工业和畜牧业生产中不可忽视的问题。霉菌毒素主要是指霉菌在饲料中产生的有毒代谢产物,它们可通过饲料进入动物体内,引起动物的急性或慢性毒性,损害机体的肝脏、肾脏、神经组织、造血组织及皮肤组织等,给畜牧养殖业造成严重损失。谷物等饲料原料在加工、运输和储存过程中都会滋生霉菌,产生霉菌毒素。引起饲料霉变的原因有很多,除了受霉菌毒素的污染外,饲料原料水分偏高,环境潮湿及虫鼠活动等都会引起饲料霉变。据报道,全球每年大约有超过25%的农副产品遭受各种霉菌污染,而我国更是霉菌毒素的重灾区。不同的霉菌毒素对动物的危害机理及其症状是不一样的,其防治方式也存在差异。

黄曲霉毒素是一种真菌产生的次级代谢毒性产物,对人类危害较大,具有较强的致癌作用。黄曲霉毒素 B_1 是其主要的代表产物,毒性、致癌性、污染频率均居首位,是已知毒性最强的天然物质。粮食及饲料等储藏条件不当时,容易受到黄曲霉污染,产生黄曲霉毒素,严重影响粮食及饲料的经济价值和品质,人和动物摄入或皮肤接触这些被黄曲霉毒素污染的粮食和饲料后,会引发多种中毒症状,甚至死亡。因此,只有对粮食和饲料中的黄曲霉毒素 B_1 进行快速定量检测并及时监控和处理,才能保障人畜的健康安全。鉴于黄曲霉毒素 B_1 的独特结构,寻找快速、高灵敏度、高特异性的检测方法,显得尤为重要。

实验 19

黄曲霉毒素的快速定量测定

一、实验目的

掌握黄曲霉毒素 B_1 的快速定量测定方法。

二、实验原理

试样中黄曲霉毒素 B_1 抗原与包被于微量反应板中的黄曲霉毒素 B_1 特异性抗体进行免疫竞争性反应,加入酶底物后显示,试样中的黄曲霉毒素 B_1 的含量与颜色成反比。用目测法或仪器法通过与黄曲霉毒素 B_1 标准溶液进行比较,判断或计算试样中黄曲霉毒素 B_1 的含量。

三、实验材料

1. 实验仪器

粉碎机、分析筛(40目)、分析天平、滤纸(直径为12.5 cm)、具塞三角瓶(100 mL)、振荡器、移液器(10~100 μL)、酶标测定仪(内置450 nm滤光片)、恒温培养箱、微量反应板。

2. 实验试剂

黄曲霉毒素B_1酶联免疫测试盒中的试剂:不同测试盒制造商间的产品组成和操作会有细微的差别,应严格按说明书要求规范操作。一般会有如下试剂。

样品稀释液配制:1份浓缩样品稀释液+9份去离子水。

洗涤工作液配制:1份浓缩样品洗涤液+9份去离子水。

80%甲醇溶液:20 mL甲醇+80 mL去离子水。

黄曲霉毒素B_1标准溶液:1~50 μg/L。

黄曲霉毒素B_1抗原稀释液、黄曲霉毒素B_1底物溶液a、黄曲霉毒素B_1底物溶液b、显色液。

终止液:硫酸溶液,$c=2$ mol/L。

四、实验步骤

1.称取5 g试样,精确至0.000 1 g,置于100 mL具塞三角瓶中,加入25 mL甲醇水溶液,加塞振荡10 min,弃去1/4初滤液,再收集适量试样液。

2.试剂平衡:将试剂盒提前15 min置于室温中,平衡至室温。

3.测定:在微量反应板中选一孔,加入50 μL样品稀释液、50 μL黄曲霉毒素B_1抗原稀释液,作为空白孔,依次在微量反应板上加入50 μL黄曲霉毒素标准溶液和试样液,再每孔加入50 μL黄曲霉毒素B_1抗原稀释液,在振荡器上混合均匀,在37 ℃恒温培养箱中反应30 min。将反应板从培养箱中取出,用力甩干,加250 μL洗涤液洗板5次,洗涤液不得溢出,每次间隔2 min,甩掉洗涤液,在吸水纸上拍干。每孔各加入50 μL黄曲霉毒素B_1底物溶液a和50 μL底物溶液b,摇匀。在37 ℃恒温培养箱中反应15 min。将反应板从培养箱中取出,用力甩干,加250 μL洗涤液洗板5次,洗涤液不得溢出,每次间隔2 min,甩掉洗涤液,在吸水纸上拍干。加入显示液100 μL,轻轻振荡15 min,每孔加入50 μL终止液,在显色30 min内,用450 nm波长的酶标测定仪测定读数并记录。

五、实验结果

以黄曲霉毒素B_1标准品不同浓度的对数为横坐标,以相应的标准品吸光率为纵坐标作标准曲线图。

$$吸光率(\%) = \frac{A_i}{A_0} \times 100$$

式中:A_i——黄曲霉毒素 B_1 标准品溶液的吸光度值;

A_0——0 μg/L 黄曲霉毒素 B_1 标准品溶液的平均吸光度值。

试样中黄曲霉毒素 B_1 的含量以质量分数 X 计,单位以 μg/kg 表示,按下式计算。

$$X = \frac{P \times V \times n}{m}$$

式中:P——从标准曲线上查得的试样提取液中黄曲霉毒素 B_1 含量,μg/L;

V——试样提取液体积,mL;

n——试样稀释倍数;

m——试样的质量,g。

计算结果小数点后保留2位有效数字。

六、思考题

(1)简述酶联免疫方法定量检测黄曲霉毒素 B_1 的原理。

(2)试验对样品前处理的作用原理是什么?

(3)影响检测准确性的主要因素有哪些?

(4)酶标测定仪操作过程中要注意些什么?

七、思考拓展

(1)有哪些方法可以快速检测黄曲霉毒素 B_1?

(2)哪些食物能产生黄曲霉毒素 B_1?

(编写者:陈 英)

第十节　近红外技术测定饲料中的养分

近红外(NIR)是介于可见光和中红外光之间的电磁波,也是人们最早发现的非可见光区域。习惯上又可将近红外区域划分为短波(780~1 100 nm)近红外和长波(1 100~2 526 nm)近红外两个区域。近红外光谱主要记录的是化合物分子中C—H、N—H和O—H等含氢基团振动的合频和各级倍频吸收信息。不同样品的不同组分在近红外区域有特征吸收,有些组分含量与特征吸收波长处漫反射率倒数的对数呈线性关系。近红外光谱分析过程可分为模型建立和预测两个阶段。通过化学计量学手段,可从所采集到的光谱中提取有效信息,结合目标组分的化学测定值,通过多元回归等方式建立相应组分的近红外定标模型。通过决定系数(R^2)、定标标准差、变异系数(CV)等参数可以评价定标模型的优劣,不达标的模型应进一步进行优化。合格的定标模型可以用于预测未知样品中相关组分含量。

实验 20

饲料粗蛋白含量近红外光谱定量模型的建立

近红外预测模型通常可以分为定量模型和定性模型两大类。采用经典化学方法测定饲料中粗蛋白含量,通过NIR光谱仪采集样品的光谱信息,结合化学计量学手段,即可建立饲料粗蛋白含量定量预测模型。本实验将利用Unscrambler软件建立小麦中粗蛋白含量的定量模型。

一、原理

小麦样品中的蛋白组分在近红外区域有特征吸收峰,通过采集小麦的NIR光谱,结合标准化学方法取得的真实粗蛋白含量,采用偏最小二乘回归法(PLSR)可建立粗蛋白定量预测模型。

二、仪器设备

近红外光谱仪(光谱范围680~2 500 nm)、粉碎机(0.42 mm筛网)、计算机。
测定粗蛋白含量参考值所需设备同化学测定法部分。

三、软件

Unscrambler专业化学计量学软件(不同建模软件所采用的算法类似,也可采用其他软件)。

四、测定方法

1. 样品采集与筛选

所采集的小麦样品应具有足够的代表性,即样品粗蛋白含量的范围应涵盖该类小麦粗蛋白含量的最大值和最小值。蛋白含量频率分布图呈均匀分布。通常,至少要采集50个小麦样品,样品数量太少会降低模型的回归性能。

2. 样品粉碎

通过植物粉碎机,将所采集的小麦样品粉碎,尽量确保粒度均匀、一致。

3. 化学成分分析

通过标准化学方法测定小麦样品中的粗蛋白含量,并折算为干物质基础。

4. 光谱采集

通过NIR光谱分析仪,按照仪器说明书列出的操作程序,采集各样品的NIR光谱,每个样品至少采集3个重复光谱。

5. 数据质量检查

打开Unscrambler软件(图10-1),将光谱数据导入,列出线条图检查NIR光谱形态是否正常(图10-2)。

图10-1 Unscrambler软件初始界面

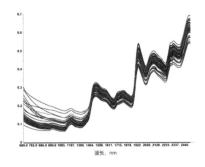

图10-2 小麦样品近红外光谱图

通过主成分分析法和聚类分析,剔除异常光谱数据。

通过"描述性统计"功能,检查样品粗蛋白含量的平均值、最大值、最小值、中位数等信息。

6. 划分样品集

依据小麦样品粗蛋白含量统计信息,将小麦样品划分为定标集和预测集。通常按照2:1的比例来分配两个集合的样品数量。表10-1展示了小麦样品定标集和预测集的信息。

表10-1　小麦样品粗蛋白含量定标集和预测集统计信息示例

参数	定标集	预测集	
样品数量	48	23	23
平均值/%	16.33	16.35	11.16
最大值/%	20.21	20.03	12.14
最小值/%	11.88	12.15	10.03
中位数/%	16.63	16.64	11.21
范围/%	8.33	7.88	2.11
标准差/%	1.94	1.90	0.51

7. 定标模型建立

将每个样品的三个重复光谱转变为平均光谱,选用多元散射校正(MSC)、标准正态化处理(SNV)、去趋势处理、导数处理等算法进行处理,以降低光谱噪声和背景干扰,选用PLSR算法建立小麦粗蛋白含量近红外定量模型。

8. 模型检验

根据所获取的每个模型的决定系数(R^2)、均方根误差(RMSE)、标准误(SE)来判断其优劣。良好的定量模型通常要求R^2高于0.82,RMSE和SE值越小越好。

用预测集的样品检验所获取模型的实际预测能力,计算模型的预测相对分析偏差(RPD)和范围误差率(RER)。通常认为RPD值应高于1.5,RER值要大于3。

将预测性能最好的模型命名后保存,用来预测未知小麦样品中的粗蛋白含量。

五、思考题

(1)简述利用近红外测定饲料中营养物质含量的原理。

(2)影响近红外定量模型性能的因素有哪些?

六、思考拓展

定标样品的代表性和参考值的准确性直接决定了近红外定标模型的可靠性。NIR定标模型具有专一性,一个定标模型通常只能用于测定与建模集样品种类相同且具有相似特性的样品。目前,各种饲料原料及配合饲料中的水分、粗蛋白、粗纤维和粗脂肪等大部分常规养分都可以通过建立定标模型实现近红外无损检测。

(编写者:史海涛)

实验 21

基于近红外光谱技术快速预测饲料粗蛋白含量

在建立了近红外定量模型后,即可使用该模型快速测定相应饲料中的养分含量。本实验拟通过已建立的小麦粗蛋白定标模型测定小麦样品中的粗蛋白含量。

一、原理

通过化学计量学手段建立的定标模型,可以转移到近红外光谱仪数据库中。NIR 光谱仪通过采集并分析待测样品的近红外光谱数据,与数据库中的定标模型相关联,便可计算出待测组分的含量,实现对待测饲料样品的无损检测。

二、仪器设备

1. 植物粉碎机

2. 近红外光谱仪

商用或者研究型近红外光谱仪皆可,研究型性能通常更优越。

3. 化学计量学软件

通常为 Window 版本,内嵌有近红外光谱仪操作系统,可实现 NIR 光谱数据的收集、存储和分析功能。

三、测定步骤

1. 样品处理

首先对待测小麦样品进行简单处理,使其符合定标模型的使用要求。比如,若定标模型基于粉碎状态的小麦样品而建立,则需要在测定前将小麦样品粉碎至指定粒度。

2. 光谱扫描

按照近红外光谱仪的说明书,对仪器状态进行检查。开机后等待一段时间,将近红外光源预热至工作温度。实验室通常会选用已检测过的饲料样品作为标准品,每次测样前通过测定标准品检查仪器状态是否正常。

标准样品检测结果正常时,在数据库内选择前期建立的小麦粗蛋白定量模型,或者选用购买的商业模型。样品的种类必须与定量模型所涵盖的种类一致。

将备好的样品置于光谱仪样品盒/盘中,点击"运行",仪器自动完成光谱采集和粗蛋白含量预测。

四、测定结果的评价

测定结果所允许的误差见表10-2。

表10-2　近红外光谱分析饲料粗蛋白的允许误差　　　　　　单位:%

粗蛋白含量范围	平行样间相对偏差小于	预测值与经典方法测定值之间的偏差小于
粗蛋白>40	2	0.50
25<粗蛋白≤40	3	0.45
10<粗蛋白≤25	4	0.40
粗蛋白≤10	5	0.30

五、思考题

(1)样品在测定前是否需要粉碎?

(2)定量模型的选择有哪些注意事项?

六、思考拓展

近红外光谱检测是一种快速、无损的间接测定方法,其结果的准确性取决于所选用定量模型的性能和匹配度。与传统方法相比,近红外光谱检测的精度虽然不够高,但获取数据的周期短、成本低,可以实现大批量样品的快速无损检测。

(编写者:史海涛)

第三部分

综合性、设计性实训

实训1

饲料营养价值评定方案的设计

饲料营养价值评定是指测定饲料中的营养物质含量并评价这些营养物质被动物消化吸收的效率及对动物的营养效果。饲料营养价值评定有物质评定和能量评定两个体系。饲料的营养价值评定方法包括饲料营养成分评定和饲料营养物质的可利用性评定两个方面:前者需要测定饲料的营养物质含量;后者需要了解这些营养物质在畜体内的代谢转化过程及产生的结果,这样可较全面深入地评定饲料的营养价值,主要有化学分析法、消化试验法(全收粪法、指示剂法、尼龙袋法、离体消化试验)、代谢试验法、平衡试验法、饲养试验法和屠宰试验法等。

从十九世纪中叶德国Weende试验站的学者Henneberg与Stohmann提出了饲料概略养分分析法即Weende分析法以来,干物质、粗灰分、粗蛋白、粗脂肪、粗纤维与无氮浸出物6大组分作为饲料营养成分含量和基础营养参数一直沿用至今。随着化学分析手段的不断发展和测试仪器设备的不断进步,高效液相色谱、气相色谱、氨基酸自动分析仪、原子吸收光谱仪已被广泛用于饲料营养成分分析。各种氨基酸、脂肪酸、维生素、矿物质与微量元素等纯养分和元素含量的测定,不仅促进了饲料营养价值评定方法的进步,同时也推动了动物营养学的发展,使得动物营养需要的指标更为细化,由饲料单位体系向能量体系、理想蛋白体系、矿物质微量元素与维生素平衡体系的转变,更能科学地指导养殖生产。随着近红外分析技术和计算机技术的发展,将化学分析营养成分含量值与近红外光谱仪上测定值的回归关系输入计算机,并建立样品测定经验公式,应用近红外分析技术,能快速测出饲料营养成分含量,使检测人力和成本显著减少。饲料营养成分含量只能说明饲料自身营养成分含量的高低,不能说明饲料在动物体内的消化和代谢情况,因此,通过与各种动物结合的消化代谢试验、平衡屠宰试验和饲养试验等对饲料营养物质可利用性的评定,能更准确地反映出饲料对于不同动物的实际营养价值。

随着饲料营养价值评定工作的快速推进及动物营养学研究的不断深入,猪饲料能量的评定指标正从消化能、代谢能体系过渡到净能体系,氨基酸生物学效价指标从表现消化率过渡到具有实际应用价值的标准回肠氨基酸消化率等;在猪的营养需要量的研究方法上,从过去的列表法向以影响猪养分需要的各种参数为驱动的数学模型预测养分过渡。在反刍动物饲料中常规养分、微量元素和氨基酸含量评定,饲料有效能的估测,饲料养分瘤胃降解率和瘤胃非降解养分的小肠消化率的测定方面已取得长足进展。

一、项目导入

我国畜牧养殖结构主要以耗粮型为主,依赖粮食转化生产畜产品,忽视了非常规饲草资源的开发与利用。为缓解我国人畜争粮、饲料粮供应紧缺的问题,农业农村部提出了加快推广低蛋白日粮和玉米豆粕减量替代等研发技术,减少饲料粮不合理消耗,使用非常规饲料原料。非常规饲料资源主要有农作物副产物、木本饲料、糟渣类和饼粕类资源、农副产品、食品加工的下脚料等。由于非常规饲草原料的产地、生产管理方式、加工方式方法不同,原料生产出的产品质量也就不稳定,无法建立统一的质量标准。由于非常规饲草原料的基础数据缺乏,对其营养价值的评定不准确,没有翔实和可靠的数据库支撑,对日粮配方设计造成相当大的困难。建立非常规饲料原料的营养价值准确评价基础,完善饲料原料营养价值数据库,为推进饲料精准配方和精准饲养提供极其重要的数据支撑,实现非常规饲料资源的科学、合理、高效利用,对畜牧业的可持续发展和经济效益的提升均具有十分重要的作用。

二、实训任务

试设计评定蝇蛆蛋白饲料(或其他新型饲料)营养价值的试验方案。

三、实训方案

紫苏(或其他原料)是主产于中国中南部地区药食同源的一种作物,其叶、梗和籽均可入药。苏麻籽因其α-亚麻酸高达60%以上,备受人们关注。苏麻籽脱脂后蛋白质含量与菜籽饼(粕)相当,因较少有相关研究报道,长期以来未得到很好的开发利用。评定畜禽对苏麻籽饼(粕)养分消化利用和生产效应,有利于促进蛋白饲料新资源的开发利用。

现以苏麻籽粕(或其他)对生长猪生长性能、养分消化利用率、肉品质、免疫和肠道功能影响的试验方案说明饲料营养价值评定的基本步骤。

(一)苏麻籽粕养分含量和对于猪养分消化利用率影响的测定

1. 苏麻籽粕养分测定

(1)样本采集与制备

采集苏麻籽粕样本,利用四分法缩减样本至250~500 g。一部分样本粉碎过40目筛,制备分析样本,以测定常规养分;另一部分样本粉碎过100目筛,混匀后,以分析苏麻籽粕的氨基酸和微量元素含量。

(2)养分和抗营养因子分析

采用国标法分析苏麻籽粕中的干物质、粗蛋白、粗脂肪、粗纤维、粗灰分和无氮浸出物等常规养分,以及钙、磷及总能的含量。用高效液相色谱法和原子吸收光谱法分别测定苏麻籽粕中氨基酸和微量矿物元素含量。

用紫外分光光度法和比色法分别测定植酸和单宁含量。

2. 饲料中养分消化利用率的测定

全收粪法:准确记录动物对饲料的采食量,同时全部无损收集其对应的排粪量,计算两者之差,求出饲料中可消化养分量,进而算出其消化率。

指示剂法:可采用添加0.2%~0.5%外源指示剂(三氧化二铬、氧化钛)或内源指示剂4 mol盐酸不溶灰分法,为减少指示剂混合的麻烦,可采用盐酸不溶灰分法。指示剂的回收率不能低于85%。

3. 试验猪和材料准备

(1)试验猪

选择品种、性别一致,日龄和体重尽量相近,健康状况良好的生长猪,根据试验目的,采用完全随机、对照或拉丁方等设计,要求每组试验猪6头以上,最好为去势公猪,免疫驱虫后备用。

如果测定的是养分回肠消化率,则需要在回盲接合部安装瘘管,或者采用回直肠吻合术。荷术动物术后恢复后方可进行消化代谢试验。

(2)饲料(粮)准备

用于测试的饲料(粮)要一次备齐,并按每日每头饲喂量称重分装,并取分析样品以供测定干物质和养分含量备用。

应按消化试验的目的和试验设计要求配制饲粮,满足试验猪的基本要求。饲粮类型应充分考虑被测饲料的物理学性状和营养特性。

用套算法测定养分消化率时,试验饲粮由基础饲粮和被测饲料按比例构成。被测饲料为能量饲料、蛋白质饲料和粗饲料时,其用量应不低于20%,被测饲料为青饲料时,不低于10%(按干物质计)。饲粮可调制为粉状、颗粒状或其他匀质状态,调制应确保按预定日饲喂量投料以保证试验猪能全部摄入。必要时,应对剩余饲料分类收集并计量分析。

测定饲料氨基酸真消化率时,需要配制无氮饲粮,除粗蛋白外,饲粮中其他养分均需满足动物的需求。

(3)仪器设备与试剂

消化代谢笼,磅秤(视体重定,感量0.1 kg),分样筛(0.45 mm筛孔,40目),电子秤(3 kg,感量0.1 g),分析天平(100 g,感量0.000 1 g),样品粉碎机,60 mL塑料瓶,带盖集粪桶,搪瓷盘,样品袋,鼓风电热式恒温箱,盐酸或硫酸,二甲苯。

4. 饲养管理

猪舍应符合卫生防疫要求,猪舍温度为15~27 ℃,采用自然光照,试验猪饲养于代谢笼中,适应后供试验用。笼的大小以猪在笼内的前后走动和起卧不能转身为宜。在非试验期,每日按试验猪体重的3.5%~4%喂全价配合饲料,自由饮水。

试验猪也可饲养在栏式猪圈,应确保饲喂和相互间的粪便无污染混杂。猪舍的地面要求为平整、坡度在5%~7%之间的水泥地面,保证尿流向一面,猪排尿后应及时冲洗。

5. 试验步骤

试验分适应期、预试期和正试期三个阶段进行。

(1)适应期喂给全价配合饲料3~5 d,观察并记录每头试验猪的自由采食量,按自由采食量的70%~90%确定预试期每日饲喂的饲料量。

(2)预试期3~5 d,定量饲喂试验饲粮。

(3)正试期为4 d。在此之前,一次将每头猪在试验全期所需饲粮迅速在同一温度条件下按顿分装于袋中,并同步测定其干物质含量,定时定量给饲试验饲料。若出现剩料,应详细记录剩料量,立即测定干物质含量,准确计算试验猪每日采食量。正试期准确收集每头猪每日(24 h)排粪量,收粪天数以偶数为好。

采用间接法(套算法)进行消化试验时,可设置两个试验猪组(6头/组×2组),同时测定基础饲粮和试验饲粮的养分(能量)表观消化率,亦可使用同一批试验猪(6头),相继进行基础饲粮和试验饲粮的消化试验,两次试验间应增设过渡期,期间定量饲喂试验饲粮。

6. 粪便收集与处理

(1)全收粪法:准确收集正试期内各试验猪每日排粪量,并充分混匀,称重。以试验猪最佳静卧状态来界定日与日之间的时间界限,一般在早饲后1~1.5 h为宜。取每日排粪量的10%,分2份,每份不少于50 g,平铺于瓷盘中,置于55 ℃烘箱内烘干(测定氨基酸,则需冷冻干燥),取出回潮,测定初水分,粉碎过40目筛(测定氨基酸,则粉碎过100目筛),存于样品瓶(袋)中,供养分测定用。

(2)指示剂回肠末端收粪:若需要测定氨基酸回肠真消化率,则需要从T型瘘管收集回肠食糜。通过导流管收集到样品袋中,每隔2 h收集1次,共收集3 d。收集到的回肠末端食糜马上置于−20 ℃的冰箱中保存。试验结束后,将每期每头试验猪的回肠末端食糜样品解冻后混合均匀,经冷冻干燥制成风干样品,低温保存。

7. 饲料及粪样的养分分析及计算

饲料及粪样中养分分析参照待测养分国家标准分析法。

以个体为单位计算饲料的养分消化率,以各头猪测定值的算术平均值为结果。摄入饲料总量(g)和粪干物质排泄总量(g)保留整数,测试结果保留小数点后两位小数。

(1)全粪法养分消化率

$$饲料养分的表观消化率(\%)=\frac{DMI \times RC - FDM \times FC}{DMI \times RC} \times 100$$

$$饲料养分的真消化率(\%)=\frac{DMI \times RC - (FDM \times FC - EDM \times EC)}{DMI \times RC} \times 100$$

式中:DMI—摄入饲料干物质量,g;

　　　RC—饲料干物质中某养分含量,%;

　　　FDM—从粪中排出的干物质,g;

　　　FC—粪干物质中某养分含量,%;

　　　EDM—内源干物质,g;

　　　EC—内源养分含量,%。

(2)指示剂法养分消化率

$$表观回肠消化率(\%)=100-\frac{饲料指示剂浓度(\%) \times 食糜养分浓度(\%)}{食糜指示剂浓度(\%) \times 饲料养分浓度(\%)} \times 100$$

$$回肠内源养分损失(g/kg)=\frac{无氮日粮指示剂浓度(g/kg) \times 食糜养分浓度(g/kg)}{食糜指示剂浓度(g/kg)}$$

$$养分标准回肠消化率(\%)=表观回肠消化率(\%)+\frac{回肠内源养分损失(g/kg)}{日粮养分浓度(g/kg)} \times 100$$

(二)苏麻籽粕(或其他)对猪生长性能、肉品质、免疫和肠道功能影响的试验方案

1. 试验动物选择和试验设计

试验时尽量控制遗传、胎次、性别、年龄、体重和健康状况等影响试验效应的因素,遵循考察因素的"唯一差异性原则",挑选试验猪。

根据试验目的和任务,对试验指标影响的较大因素进行研究。试验因素不宜过多,否则难以控制干扰因素。根据考察因素效应的大小合理设置水平数和距离,水平数目要适当,过多会增加处理数,增大工作量;过少则会丢掉信息,使结果分析不全面。

一般采用完全随机试验或单因子试验设计。试验设对照组和试验组,每种饲料为一个处理组,每个处理组不少于3个重复,或每组不少于8头生长猪,母猪不少于6头,公猪不少于4头。断奶仔猪分组时可按随机窝组或母猪配对的随机区组方法进行。

2. 试验饲粮配制

准确分析饲粮中各种营养成分的含量,参照营养需要设计试验饲粮配方。最好一次配齐所有试验饲粮。如果试验期较长,需分几次配制时,原料须一次备齐,并妥善保管,防止变质。饲粮养分需满足动物需求。

3. 仪器设备与试剂

磅秤(视体重定,感量0.1 kg),电子秤(3 kg,感量0.1 g),分析天平(100 g,感量0.000 1 g),样品粉碎机,样品袋,离心机,移液枪,Ependorf管,酶标仪,色差仪,嫩度仪,pH计,大理石纹评分标准图,常温冰箱,冷冻干燥机,游标卡尺,皮尺,鼓风电热式恒温箱,氨基酸分析仪,气相色谱仪,高效液相色谱仪,凯氏定氮仪,索氏提取器。

4. 饲养管理

试验期间,按照常规饲养管理,猪舍应符合卫生防疫要求,猪舍温度为15~27 ℃,自然光照,饲喂全价配合饲料,自由采食,自由饮水。

5. 试验期

试验分预试期和正试期两个阶段进行。

(1)预试期喂给全价配合饲料3~5 d,观察并记录每头试验猪的自由采食量。

(2)正试期应根据试验目的和任务确定。

6. 样品采集与测定指标

(1)生产性能

试验猪在正试期开始和结束时,分别于空腹16 h生长猪早晨称重,试验期间记录每个重复的饲料消耗,计算采食量、日增重和料重比。

(2)血浆样品的采集与指标测定

试验结束空腹称重后,各组以重复为单位,每重复选择有代表性猪只1~3头,每组选取6头以上试猪,前腔静脉采血。血样经3 500 r/min离心10 min,血清分装于Ependorf管中,置于−20 ℃冷冻保存,待测。

养分代谢指标:血糖、血脂、总蛋白、血浆尿素氮、胆固醇、高密度脂蛋白、低密度脂蛋白、极低密度脂蛋白等。

肝脏功能指标:肝脏指数、谷丙转氨酶、谷草转氨酶和脂肪含量等。

抗氧化指标:超氧化物歧化酶、谷胱甘肽过氧化物酶、谷胱甘肽还原酶、丙二醛等。

免疫指标:血清免疫球蛋白A(IgA)、免疫球蛋白G(IgG)、免疫球蛋白M(IgM)、干扰素、肿瘤坏死因子-α(TNF-α)、白细胞介素1-6等。

(3)胴体品质测定

试验结束后,每个处理分别选择4头体重接近的猪进行屠宰,测定胴体品质,包括胴体长、胴体重、眼肌面积、屠宰率、平均背膘厚和瘦肉率等指标。

(4)肉品质测定

包括pH、肉色、大理石纹、滴水损失、失水率、嫩度、肉成分(含水量、粗蛋白、肌内脂肪、肌苷酸、肌内氨基酸和脂肪酸)和脂肪酸氧化值等。

(5)肠道功能

包括消化酶活性、肠道结构(绒毛高度、隐窝深度、绒/隐)、肠道发育(肠黏膜DNA、RNA、蛋白、一氧化氮、一氧化氮合成酶、胰高血糖样肽-2)、肠道通透性(D-乳酸含量和二胺氧化酶)、吸收功能(木糖)和完整性相关基因表达等。

四、数据统计分析

根据试验设计类型,进行t-检验、方差及回归等分析。

五、项目的可行性分析及经费预算

(1)项目可行性分析。从实验方法的前提假设、实验室平台及实验人员满足实验的程度进行可行性分析。

(2)经费预算。调查仪器设备的购置或租用,试验动物、饲料和相关耗材等实验材料和化学分析测试等费用后,进行经费预算。

六、拓展提高

(1)如何测定高粗纤维、抗营养因子等适口性差的单个饲料原料的养分消化率?

(2)内源能(养分)排泄量受哪些因素的影响?

(3)怎样收集内源氨基酸?

(4)指示剂法的优缺点有哪些?

(5)怎样合理选择效应指标?

七、评价考核

学生提交报告,教师可从以下6个方面综合评价,给出学生考核成绩。

(1)动物选择的合理性;

(2)消化和代谢方法的合理性;

(3)实施步骤的完整性;

(4)结果的准确性;

(5)结果分析的科学性;

(6)报告的完整性。

(编写者:施晓利)

代数法和方框法的配方练习

饲料配方计算技术是应用数学与动物营养学相结合的产物,目前已普遍采用计算机来优选最佳配方,但常规计算方法仍是设计饲料配方的基本技术。手算方法主要有交叉法、方程组法、试差法;计算机计算可根据有关的数学模型或编制专门的程序软件进行饲料配方的优化设计,涉及的数学模型主要包括线性规划、多目标规划、概率模型、灵敏度分析、多配方技术等。饲料配方的优劣在很大程度上取决于饲料产品的质量、经济效益和市场的影响。合格的饲料配方设计师必须具备丰富的动物营养、动物生理、饲料加工、兽医防疫和产品质量管理等方面的理论知识和实践经验,能跟踪相关学科的最新知识和动态;具有敏锐的市场意识,能准确把握产品的质量、特点、定位,能把握好质量与成本之间的平衡点;具备较强的法制意识与良好的职业道德,能综合考虑产品的经济效益、生态效益和社会效益。畜禽因品种、生理状况、生产水平等不同,营养需求和饲料配方设计重点也不尽相同。生产实际中应根据动物的具体情况,选择特定的饲养标准和适宜的饲料原料进行畜禽饲料配方设计。

一、项目导入

代数法又称方程组法,是一种应用代数求解方程组从而计算各种饲料配合比例的方法。代数法常用于计算养分指标之间的配合比例,当需要配平的养分指标较多时,先选定一个主要养分指标配平后,再调整平衡其他养分指标。理论上代数法也可手工计算多个饲料的配合比例,但饲料越多,方程也越多,手算就越困难。

交叉法又称四角法、方形法、对角线法或图解法。在饲料种类不多及营养指标少的情况下,采用此法,较为简便。在采用多种饲料及多个营养指标的情况下,亦可采用本法。

二、实训任务

任务1:以玉米(粗蛋白质为8.0%)、市售肉鸡浓缩饲料(粗蛋白质为40.0%)为原料,用交叉法计算出饲料粗蛋白质指标为18.0%的肉鸡饲料配方。

任务2:以玉米(粗蛋白质为8.0%)、豆粕(粗蛋白质为46.0%)、市售4%仔猪复合预混料为原料,用代数法计算出粗蛋白质指标为17.0%的仔猪饲料配方。

三、实训方案

1. 材料准备

计算器和畜禽的营养需要或饲养标准。

2. 代数法

某猪场要配制含15%粗蛋白质的混合饲料。现有含粗蛋白质9%的能量饲料(其中玉米占80%,大麦占20%)和含粗蛋白质40%的蛋白质补充料,其方法如下。

(1)设混合饲料中能量饲料占 $x\%$,蛋白质补充料占 $y\%$。得:

$$x\% + y\% = 100\%$$

(2)能量混合料的粗蛋白质含量为9%,蛋白补充饲料含粗蛋白质为40%,要求配合饲料含粗蛋白质为15%。得:

$$9\%x\% + 40\%y\% = 15\%$$

(3)列联立方程:

$$\begin{cases} 9\%x\% + 40\%y\% = 15\% \\ x\% + y\% = 100\% \end{cases}$$

(4)解联立方程,得出:

$$\begin{cases} x\% = 80.65\% \\ y\% = 19.35\% \end{cases}$$

(5)求玉米、大麦在配合饲料中所占的比例:

$$玉米所占比例 = 80.65\% \times 80\% = 64.52\%$$

$$大麦所占比例 = 80.65\% \times 20\% = 16.13\%$$

$$蛋白质补充料所占比例 = 100\% - 64.52\% - 16.13\% = 19.35\%$$

因此,配合饲料中玉米、大麦和蛋白质补充料各占64.52%、16.13%及19.35%。

3. 交叉法

上题可用交叉法计算,方法如下:

能量饲料 9 　　　　　26(40-14=26,能量饲料份数)

14

蛋白质补充料40 　　　　　5(14-9=5,蛋白质饲料份数)

上面所计算的各差数,分别除以这两差数的和,就得两种饲料混合的百分比。

玉米应占比例 = 26/(26+5)×100% = 80.65%　　　检验:9%×80.65% = 7.26%

豆饼应占比例 = 5/(26+5)×100% = 19.35%　　　检验:40%×19.35% = 7.74%

$$7.26\% + 7.74\% = 15.00\%$$

用此法时,应注意两种饲料养分含量必须分别高于和低于所求的数值。

4.三种以上饲料组分的配合

例如,要用玉米、高粱、小麦麸、豆粕、棉籽粕、菜籽粕和矿物质饲料(骨粉和食盐)为体重35~60 kg的生长育肥猪配成含粗蛋白质为14%的混合饲料。

先根据经验和养分含量把以上饲料分成比例已定好的3组饲料,即混合能量饲料、混合蛋白质饲料和混合矿物质饲料。把混合能量饲料和混合蛋白质料当作2种饲料做交叉配合。

第一步:先明确所用玉米、高粱、小麦麸、豆粕、棉籽粕、菜籽粕的粗蛋白质含量,一般玉米为8.0%、高粱8.5%、小麦麸13.5%、豆粕45.0%、棉籽粕41.5%、菜籽粕36.5%的粗蛋白质含量。

第二步:将能量饲料类和蛋白质类饲料分别组合,按类分别算出能量饲料组和蛋白质饲料组粗蛋白质的平均含量。假设能量饲料组由60%玉米、20%高粱、20%麦麸组成,蛋白质饲料组由70%豆粕、20%棉籽粕、10%菜籽粕构成。则:

能量饲料组的蛋白质含量为:60%×8.0%+20%×8.5%+20%×13.5%=9.2%;

蛋白质饲料组的蛋白质含量为:70%45.0%+20%×41.5%+10%×36.5%=43.4%。

矿物质饲料,一般占混合料的2%,其成分为骨粉和食盐。按饲养标准食盐宜占混合料的0.3%,则食盐在矿物质饲料中应占15%[即(0.3÷2)×100%],骨粉占85%(1-15%)。

第三步:算出未加矿物质饲料前混合料中粗蛋白质的应有含量。

配好的混合料再掺入矿物质饲料,因为有稀释作用,其中粗蛋白质含量就不足14%了,所以要先将矿物质饲料用量从总量中扣除,以便按2%添加后使混合料的粗蛋白质含量仍为14%。即未加矿物质饲料的混合料的总量为100%-2%=98%,那么,未加矿物质饲料的混合料的粗蛋白质含量应为:14÷98×100%=14.3%。

第四步:将混合能量饲料和混合蛋白质饲料当作2种料,做交叉。即:

混合能量饲料　　9.5　　29.1

14.3

混合蛋白质饲料　43.4　　4.8

混合能量饲料应占比例 $= \dfrac{29.1}{29.1 + 4.8} \times 100\% = 85.8\%$

混合蛋白质饲料应占比例 $= \dfrac{4.8}{29.1 + 4.8} \times 100\% = 14.2\%$

第五步:计算出混合料中各成分应占的比例。即:玉米应占60%×0.858×0.98=50.5%,以此类推,高粱占16.8%、麦麸16.8%、豆粕9.7%、棉籽粕2.8%、菜籽粕1.4%、骨粉1.7%、食盐0.3%,合计100%。

四、拓展提高

(1)代数法和方框法在计算配方的过程中有何不足?

(2)方框法在计算多种饲料原料配合比例时有何注意事项?

五、评价考核

学生提交报告,教师可从以下5个方面综合评价,给出学生考核成绩。

(1)计算过程步骤的逻辑性。

(2)计算配方的准确性。

(3)方法使用的合理性。

(4)报告的完整性。

(编写者:林 波)

实训 3

利用Office中的Excel练习配方设计

方法一:试差法

试差法又称为凑数法,是早期较为普遍采用的饲料配方设计方法,也是饲料配方手工计算最常用的方法。这种方法首先根据经验初步拟出各种饲料原料的大致比例,然后用各自的比例去乘该原料所含的各种养分的质量分数,再将各种原料的同种养分之积相加,即得到该配方的每种养分的总量,将所得结果与饲养标准进行对照,若有任一养分超过或不足时,可通过增加或减少相应的原料比例进行调整和重新计算,直至所有的营养指标都基本上满足要求为止。试差法简单易行,容易掌握,无须使用特殊计算工具,用笔、算盘、计算器等均能进行,利用Office中的Excel进行计算还能解决运算的烦琐,适合中小型牧场和小型饲料厂采用。本方法的缺点是初拟配方盲目性大,与设计者的经验有很大的关系,配合时平衡营养指标较难,需反复调整,初学者难以设计出理想的饲料配方。

一、项目导入

Office中的Excel是一款功能强大的表格数据处理软件,利用它的快速计算功能并采用试差法设计饲料配方,此常规方法更加简单、快速、方便。

现以0~6周龄产蛋雏鸡进行饲料配方为例,介绍用试差法进行饲料配方设计的具体方法和操作步骤。

二、实训任务

采用试差法,使用玉米、小麦、膨化大豆、米糠粕、豆粕、DDGS、石粉、磷酸二氢钙、种猪复合多维、母猪复合多矿预混料、食盐、氨基酸、大豆油、功能性添加剂预混料等原料,为妊娠经产母猪设计一全价日粮配方。

三、实训方案

1. 材料

动物的营养需要标准和饲料原料营养价值表,装有Excel软件的电脑。

2. 完成任务的方法

用试差法进行饲料配方主要有以下4个步骤。

第一步:确定动物需要平衡的营养指标,查明或检测在配方中要用到的各饲料原料相应各指标的含量,并将相关指标对应输入到 Excel 表格中。

第二步:第一次试配,初拟配比,使配合的比例满足100%,并计算所有需计算平衡的指标。

第三步:判断所有指标是否满足要求,若不满足,调整配比,配比的数据变化后,营养指标的变化在对应的单元格中随之变化,不断调整配比,使所有的营养指标接近要求的指标。

第四步:整理配方,将配方结果保留到小数点后两位,列出配方及相应的营养指标。

3. 实例训练

现有玉米、麦麸、豆粕、棉籽粕、鱼粉、石粉、磷酸氢钙、食盐、维生素预混料和微量元素预混料,配合0~6周龄雏鸡饲粮。

第一步:确定动物营养需要标准。从蛋鸡饲养标准中查得0~6周龄雏鸡饲粮的营养水平为代谢能11.92 MJ/kg,粗蛋白质18%,钙0.8%,总磷0.7%,赖氨酸、蛋氨酸、胱氨酸分别为0.85%、0.30%、0.30%。

第二步:根据饲料成分表查出或化验分析所用各种饲料的养分含量(表3-1)。

表3-1 饲料的养分含量

	代谢能/(MJ/kg)	粗蛋白质/%	钙/%	磷/%	赖氨酸/%	蛋氨酸/%	胱氨酸/%
玉 米	13.47	7.8	0.02	0.27	0.23	0.15	0.15
麦 麸	6.82	15.7	0.11	0.92	0.58	0.13	0.26
豆 粕	9.83	44.0	0.33	0.62	2.66	0.62	0.68
棉籽粕	8.49	43.5	0.28	1.04	1.97	0.58	0.68
鱼 粉	12.18	62.5	3.96	3.05	5.12	1.66	0.55
磷酸氢钙	—	—	23.30	18.00	—	—	—
石 粉	—	—	36.00	—	—	—	—

第三步:按能量和蛋白质的需求量初拟配方。

根据实践经验,初步拟订饲粮中各种饲料的比例。雏鸡饲粮中各类饲料的比例一般为:能量饲料65%~70%,蛋白质饲料25%~30%,矿物质饲料等3%~3.5%(其中维生素和微量元素预混料一般为0.25%),据此先拟订蛋白质饲料用量(按占饲粮的26%估计)。棉籽粕适口性差并含有毒物质,饲粮中用量有一定限制,可设定为3%;鱼粉价格较贵,根据鸡的采食习性,可定为4%;豆粕可拟订为19%(26%-3%-4%)。矿物质饲料等拟按3%后加。能量饲料中麦麸暂设为7%,玉米则为64%(100%-3%-7%-26%)。初拟配方结果如表3-2。

表3-2　初拟配方

	饲粮组成/%		代谢能/(MJ / kg)		粗蛋白质/%
	①	饲料原料中②	饲粮中①×②	饲料原料中③	饲粮中①×③
玉 米	64	13.47	8.621	7.80	4.99
麦 麸	7	6.82	0.477	15.70	1.10
豆 粕	19	9.83	1.868	44.00	8.36
鱼 粉	4	12.18	0.487	62.50	2.50
棉籽粕	3	8.49	0.255	43.50	1.31
合 计	97	—	11.71	—	18.26
标 准	—	—	11.92	—	18.00

第四步:调整配方,使能量和粗蛋白质符合饲养标准规定量。采用的方法是降低配方中某一饲料的比例,同时增加另一饲料的比例,二者的增减数相同,即用一定比例的某一种饲料代替另一种饲料。计算时可先求出每代替1%时,饲粮能量和蛋白质改变的程度,然后结合第三步中求出的与标准的差值,计算出应该代替的百分数。上述配方经计算得知,饲粮中代谢能浓度比标准低0.21 MJ/kg,粗蛋白质高0.26%。用能量高和粗蛋白质低的玉米代替麦麸,每代替1%可使能量升高0.066 MJ/kg[即(13.47-6.82)×1%],粗蛋白质降低0.08[即(15.7-7.8)×1%]。可见,以3%玉米代替3%麦麸,饲粮能量和粗蛋白质均与标准接近(分别为11.91 MJ/kg和18.02%),而且蛋能比与标准相符合,则配方中玉米可改为67%,麦麸改为4%。

第五步:计算矿物质饲料和氨基酸用量。

调整配方后的钙、磷、氨基酸含量计算结果见表3-3。

表3-3　配方已满足钙、磷和氨基酸程度

原 料	饲粮组成/%	钙/%	磷/%	赖氨酸/%	蛋氨酸/%	胱氨酸/%
玉 米	67	0.013	0.181	0.154	0.100	0.100
麦 麸	4	0.004	0.037	0.023	0.005	0.010
豆 粕	19	0.063	0.118	0.505	0.118	0.129
鱼 粉	4	0.158	0.122	0.205	0.066	0.022
棉籽粕	3	0.001	0.031	0.059	0.017	0.022
合 计	97	0.239	0.489	0.95	0.306	0.281
标 准	—	0.800	0.700	0.850	0.300	0.300
与标准比较	—	-0.561	-0.211	+0.10	+0.006	-0.019

根据配方计算结果可知,饲料中钙比标准低0.561%,磷比标准低0.211%。因磷酸氢钙中含有钙和磷,所以先用磷酸氢钙来满足磷,需磷酸氢钙0.211%÷18%=1.17%。1.17%磷酸氢钙可为饲粮提供钙23.3%×1.17%=0.271%,钙还差0.561%-0.271%=0.29%,可用含钙36%的石粉补充,约需0.29%÷36%=0.81%。

赖氨酸含量超过标准0.1%,说明不需另加赖氨酸。蛋氨酸和胱氨酸比标准低0.013%,可用蛋氨酸添加剂来补充。

食盐用量可设定为0.30%,维生素预混料(多维)用量设为0.05%,微量元素预混料用量设为0.20%。

原估计矿物质饲料和添加剂约占饲粮的3%。现根据设定结果,计算各种矿物质饲料和添加剂实际总量:磷酸氢钙+石粉+蛋氨酸+食盐+维生素预混料+微量元素预混料+功能性添加剂预混料＝1.17%+0.81%+0.013%+0.2%+0.3%+0.05%+0.5%＝3.04%,比估计值高0.04%,像这样的结果不必再算,可在玉米或麦麸中减少0.04%即可。一般情况下,在能量饲料调整不大于1%时,对饲粮中能量、粗蛋白质等指标引起的变化若不大,可忽略不计。

第六步:列出配方及主要营养指标。

0~6周龄产蛋雏鸡饲粮配方及其营养指标如表3-4。

表3-4 饲粮配方

原料	配比/%	营养成分	含量
玉米	67.00	代谢能/(MJ/kg)	11.91
麦麸	4.00	粗蛋白/%	18.02
豆粕	19.00	钙/%	0.80
鱼粉	4.00	磷/%	0.67
棉籽粕	3.00	赖氨酸/%	0.85
石粉	0.83	蛋氨酸+胱氨酸/%	0.60
磷酸氢钙	1.20		
食盐	0.30		
蛋氨酸	0.01		
维生素预混料	0.05		
微量元素预混料	0.20		
功能性添加剂预混料	0.50		
合 计	100.00		

四、拓展提高

如何在试差法配方设计中将需要平衡的营养指标都精准平衡到小数点后两位小数?

五、评价考核

学生提交报告,教师可从以下5个方面综合评价,给出学生考核成绩。

(1)所选动物营养指标的合理性;

(2)配方所选原料的合理性;

(3)选择配方设计方法的正确性;

(4)配方设计步骤的完整性;

(5)标示出配方结果和配方说明的准确性。

方法二:线性规划法

线性规划法是最早采用运筹学有关数学原理来进行饲料配方优化设计的一种方法。该法将饲料配方中的有关因素和限制条件转化为线性数学函数、求解一定约束条件下的目标值(最小值或最大值)。

Office组件之一的Excel自身提供的"加载宏"中有"规划求解"一项,可以解决各种线性规划任务。根据动物饲养标准或配合饲料产品标准、原料营养成分、市场价格,以及饲料配方设计的要求和经验,建立Excel原始工作表,将有关的参数填于表格中,设置有关约束条件后,就可以直接规划求解饲料配方。此方法具有数据表示直观、计算方便、增减原料随意和数据修改容易等优点,无须用饲料配方专用软件,在Excel界面下,通过鼠标或键盘操作,即可得出最低成本的饲料配方最优解,适用于各种中小型饲料厂、规模养殖场进行优化饲料配方设计。

一、项目导入

用玉米、豆粕、菜籽粕、鱼粉、豆油、磷酸氢钙、石粉、食盐、98%L-赖氨酸盐酸盐、98%DL-蛋氨酸和1%产蛋鸡预混料等11种原料,计算优化海兰褐蛋鸡产蛋率≥90%的高峰期饲料配方。

二、实训任务

用玉米、大豆油、小麦麸、大豆粕、菜籽粕、鱼粉、碳酸钙、磷酸氢钙、L-赖氨酸盐酸盐、DL-蛋氨酸、L-苏氨酸、L-色氨酸、食盐、抗氧化剂、防霉剂、氯化胆碱、维生素预混料和微量元素预混料,自选一种动物,设计一个配合饲料配方。

三、实训方案

(一)材料

与动物相关的营养需要标准和饲料成分及原料营养价值表、装有Excel软件的电脑。

(二)完成任务的方法

1. 饲料配制方案表格设计及计算公式的建立

首先,建立所用饲料原料主要营养成分Excel表(如图3-1所示)。表内营养成分数据来自中国饲料成分及营养价值表、相关原料标准和产品信息(如本例),也可通过消化试验和实验室化学分析实测得到。

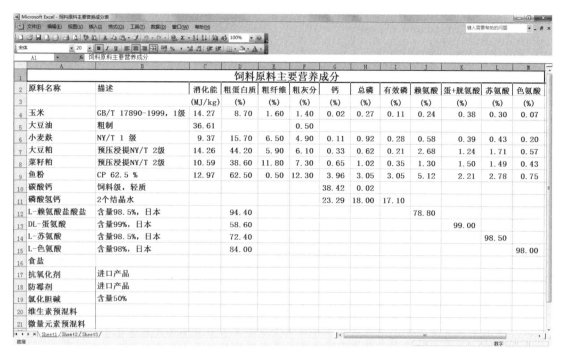

图 3-1　饲料原料主要营养成分表

其次,在饲料原料主要营养成分表基础上,建立 Excel 原始工作表(如图 3-2 所示)。其中:

A4 至 A21 栏是配方设计所用各种原材料的名称。

B4 至 B21 栏是拟设计配方所用各种原材料的计算配比值(%)。选定 B2 至 B22 栏,将其设置成蓝色(或其他色)、加粗字体,以便计算出配比结果后醒目观察。

B22 栏是规划求解后,由程序自动计算出的每种原料用量(配比)的总和。在 B22 输入公式 = SUM(B4:B21)。

C4 至 C21 栏是规定设计配方时所用各种原料最小用量(%)。这要根据经验估计,或者是配方中硬性规定必须使用的量,如食盐、抗氧化剂、防霉剂、氯化胆碱、维生素预混料、微量元素预混料等。

D4 至 D21 栏是规定设计配方时所用各种原料最大用量(%)。这要根据原料的特点(如菜籽粕的毒性)和原料的市场供给状况,限制某些原料的最大用量,或者是配方中硬性规定必须使用的量,这也需要根据经验来估计。

Microsoft Excel - 体重60-90kg瘦肉型生长肥育猪配合饲料配方设计

文件(F) 编辑(E) 视图(V) 插入(I) 格式(O) 工具(T) 数据(D) 窗口(W) 帮助(H)

A1　体重60-90kg瘦肉型生长肥育猪配合饲料配方设计

体重60-90kg瘦肉型生长肥育猪配合饲料配方设计

原料名称	配比 (%)	原料最小用量 (%)	原料最大用量 (%)	消化能 (MJ/kg)	粗蛋白质 (%)	钙 (%)	总磷 (%)	有效磷 (%)	赖氨酸 (%)	蛋+胱氨酸 (%)	苏氨酸 (%)	色氨酸 (%)	价格 (元/kg)
玉米	0.00	0.00	75.00	14.27	8.70	0.02	0.27	0.11	0.24	0.38	0.30	0.07	¥2.40
大豆油	0.00	0.00	0.50	36.61									¥7.00
小麦麸	0.00	0.00	20.00	9.37	15.70	0.11	0.92	0.28	0.58	0.39	0.43	0.20	¥1.60
大豆粕	0.00	0.00	20.00	14.26	44.20	0.33	0.62	0.21	2.68	1.24	1.71	0.57	¥3.60
菜籽粕	0.00	0.00	8.00	10.59	38.60	0.65	1.02	0.35	1.30	1.50	1.49	0.43	¥2.00
鱼粉	0.00	0.00	5.00	12.97	62.50	3.96	3.05	3.05	5.12	2.21	2.78	0.75	¥11.00
碳酸钙	0.00	0.00	2.00			38.42	0.02						¥0.20
磷酸氢钙	0.00	0.00	1.00			23.29	18.00	17.10					¥2.20
L-赖氨酸盐酸盐	0.00	0.00	0.50	94.40					78.80				¥18.00
DL-蛋氨酸	0.00	0.00	0.30	58.60						99.00			¥40.00
L-苏氨酸	0.00	0.00	0.30	72.40							98.50		¥16.00
L-色氨酸	0.00	0.00	0.10	84.00								98.00	¥130.00
食盐	0.30	0.30											¥1.05
抗氧化剂	0.20	0.20											¥15.00
防霉剂	1.00	1.00											¥16.00
氯化胆碱	1.00	1.00											¥7.00
维生素预混料	0.02	0.02											¥50.00
微量元素预混料	0.20	0.20											¥1.68
合计	0.00												
营养成分计算值				0.00	0.00	0.00	0.00	0.00	0.00	0.00	0.00	0.00	¥0.00
NY/T65-2004猪饲养标准				13.39	14.50	0.49	0.43	0.17	0.70	0.40	0.48	0.13	
计算值与标准的差				-13.39	-14.5	-0.49	-0.43	-0.17	-0.7	-0.4	-0.48	-0.13	

图3-2　Excel原始工作表

E2 至 M2 栏是饲养标准或产品标准中的主要营养指标项目，可根据需要修改或增减。

E4 至 M21 区域栏是所用饲料原料营养成分的含量，数据来源于《中国饲料成分及营养价值表》、相关原料标准和产品信息或实测数据。

E23 至 M23 区域栏是规划求解后，根据每种原料的用量计算出的饲料配方中营养成分含量的合计。单击单元格 E23，输入公式：

＝SUM((B4*E4)+(B5*E5)+(B6*E6)+(B7*E7)+(B8*E8)+(B9*E9)+(B10*E10)+(B11*E11)+(B12*E12)+(B13*E13)+(B14*E14)+(B15*E15)+(B16*E16)+(B17*E17)+(B18*E18)+(B19*E19)+(B20*E20)+(B21*E21))/100

按 Enter 确认输入，最后利用自动句柄填充功能，将输入的公式填充到 F23 至 M23，并注意检查公式是否正确。选定 E23 至 M23 栏，将其设置成蓝色（或其他色）、加粗字体，以便计算出配比结果后醒目观察。

N4 至 N23 栏：其中，N4 至 N21 栏是所用饲料原料的价格（元/kg），为购买的实际价格。N23 栏是规划求解后，根据每种原料的用量（配比）和价格，由程序自动计算出的饲料总成本（元/kg），也是此规划求解的目标函数值。在 N23 输入公式：

＝SUM((B4*N4)+(B5*N5)+(B6*N6)+(B7*N7)+(B8*N8)+(B9*N9)+(B10*N10)+(B11*N11)+(B12*N12)+(B13*N13)+(B14*N14)+(B15*N15)+(B16*N16)+(B17*N17)+(B18*N18)+(B19*N19)+(B20*N20)+(B21*N21))/100

选定 N4 至 N23 栏,点鼠标右键,点"设置单元格格式(F)",再点"数字",然后点"货币",在"货币符号(国家/地区)(S)"栏内,选择相应货币符号,点"确定"。选定 N23 栏,将其设置成蓝色(或其他色),加粗字体,以便计算出配比结果后醒目观察。

E24 至 M24 栏是所设计配合饲料配方所选用的标准。该标准可以是饲养标准、产品标准(国家标准、地方标准、企业标准),或自定标准。本实例采用的是中华人民共和国农业行业标准《猪饲养标准》(NY/T 65—2004)中 60~90 kg 瘦肉型生长肥育猪的指标。选定 E24 至 M24 栏,将其设置成红色(或其他色),加粗字体,以便与配方计算出的营养成分对比时醒目观察。

E25 至 M25 栏是所设计配方的主要营养成分计算值与所选用标准的差,主要是直观看出配方设计是否合理,便于设定约束条件,进一步规划求解直到满意为止。单击单元格 E25,输入公式:=E23-E24,按 Enter 确认输入,最后利用自动句柄填充功能,将输入的公式填充到 F25 至 M25,并注意检查公式是否正确。

2. 规划求解操作方法

以 Excel 2003 为例。在选项窗口用鼠标点"工具",再点"加载宏",出现"加载宏"对话框(如图 3-3 所示);选择"规划求解",点"确定",然后再回到 Excel 的最上面,用鼠标点"工具",再点"规划求解",出现"规划求解参数"对话框(如图 3-4 所示);当光标在"设置目标单元格"内闪烁时,将鼠标移到 N23 栏,也就是饲料配方的"最低成本"单元格,即"N23",单击,在下面一栏选择"最小值",在"可变单元格"(也就是所选 18 种原料的配比)内输入 b4:b21,形成如图 3-5 所示的对话框;点击"添加"按钮,出现如图 3-6 所示的"添加约束"条件对话框。

(1)约束条件

图 3-3 "加载宏"对话框

图 3-4 "规划求解参数"对话框

图3-5　目标单元格和可变单元格设置　　图3-6　"添加约束"条件对话框

1)原料的用量控制

在"单元格引用位置"内输入b4:b21,中间按钮选择"＜＝",在"约束值"框内,输入d4:d21,亦即对原料的最大用量进行限制,点"确定";然后,点"添加",再次出现"添加约束"条件对话框,在"单元格引用位置"内输入b4:b21,中间按钮选择"＞＝",在"约束值"框内,输入c4:c21,亦即对原料的最小用量进行限制,点"确定",最后形成如图3-7所示的对话框。

图3-7　原料用量约束条件设置　　　　图3-8　原料配比总和约束条件设置

2)原料配比总和的控制

点"添加",再次出现"添加约束"条件对话框,在"单元格引用位置"内输入b22,中间按钮选择"＝",在"约束值"框内,输入100,亦即所有原料配比的总和为100%,结果如图3-8所示。

3)配方主要营养成分指标E23:M23区域的控制

对消化能、粗蛋白、钙、总磷、有效磷、赖氨酸、蛋+胱氨酸、苏氨酸、色氨酸指标进行约束。首先,要求上述指标大于或等于《猪饲养标准》(NY/T 65—2004)规定,规划求解后不合理应再进行微调。点"添加",在"单元格引用位置"内输入e23,中间按钮选择"＞＝",在"约束值"框内,输入e24,点"确定",亦即对消化能指标进行约束。同理,点"添加",依次对粗蛋白、钙、总磷、有效磷、赖氨酸、蛋+胱氨酸、苏氨酸、色氨酸指标进行约束,如图3-9所示。至此,规划求解的约束参数设置完毕。

图3-9 配方主要营养成分指标约束条件设置

图3-10 规划求解结果

（2）规划求解及结果运行

规划求解参数设置完毕后，单击"规划求解参数"对话框中的"求解"按钮，计算机将立即出现"规划求解结果"框（见图3-10），即"规划求解找到一解，可满足所有的约束及最优状况。"最优解，即为既满足营养指标限制条件，又使成本最低的饲料配方。选择"保存规划求解结果"，单击"确定"按钮即可，最终出现如图3-11所示的配方结果报告。其中，B4到B21栏为各种饲料原料的配比（%）；E23至M23分别是该配方的消化能、粗蛋白质、钙、总磷、有效磷、赖氨酸、蛋+胱氨酸、苏氨酸、色氨酸指标；N23是配方价格（元/kg）。从E25到M25栏可以看出，配方的所有营养指标均满足《猪饲养标准》（NY/T 65—2004）要求，只是蛋+胱氨酸略高（可接受范围）。

体重60-90kg瘦肉型生长肥育猪配合饲料配方设计

原料名称	配比	原料最小用量	原料最大用量	消化能	粗蛋白质	钙	总磷	有效磷	赖氨酸	蛋+胱氨酸	苏氨酸	色氨酸	价格
	（%）	（%）	（%）	（MJ/kg）	（%）	（%）	（%）	（%）	（%）	（%）	（%）	（%）	（元/kg）
玉米	75.00	0.00	75.00	14.27	8.70	0.02	0.27	0.11	0.24	0.38	0.30	0.07	￥2.40
大豆油	0.50	0.00	0.50	36.61									￥7.00
小麦麸	2.47	0.00	20.00	9.37	15.70	0.11	0.92	0.28	0.58	0.39	0.43	0.20	￥1.60
大豆粕	10.00	0.00	20.00	14.26	44.20	0.33	0.62	0.21	2.68	1.24	1.71	0.57	￥3.60
菜籽粕	8.00	0.00	8.00	10.59	38.60	0.65	1.02	0.35	1.30	1.50	1.49	0.43	￥2.00
鱼粉	0.00	0.00	5.00	12.97	62.50	3.96	3.05	3.05	5.12	2.21	2.78	0.75	￥11.00
碳酸钙	0.80	0.00	2.00			38.42	0.02						￥0.20
磷酸氢钙	0.34	0.00	1.00			23.29	18.00	17.10					￥2.20
L-赖氨酸盐酸盐	0.17	0.00	0.50		94.40				78.80				￥18.00
DL-蛋氨酸	0.00	0.00	0.20		58.60					99.00			￥40.00
L-苏氨酸	0.00	0.00	0.30		72.40						98.50		￥16.00
L-色氨酸	0.00	0.00	0.10		84.00							98.00	￥130.00
食盐	0.30	0.30	0.30										￥1.05
抗氧化剂	0.20	0.20	0.20										￥15.00
防霉剂	1.00	1.00	1.00										￥16.00
氯化胆碱	1.00	1.00	1.00										￥7.00
维生素预混料	0.02	0.02	0.02										￥50.00
微量元素预混料	0.20	0.20	0.20										￥1.68
合计	100.00												
营养成分计算值				13.39	14.58	0.49	0.43	0.20	0.70	0.54	0.53	0.15	￥2.71
NY/T65-2004猪饲养标准				13.39	14.50	0.49	0.43	0.19	0.70	0.40	0.48	0.13	
计算值与标准的差				-1E-07	0.08035	-3E-10	-3E-09	0.0264	-3E-09	0.138615	0.0458	0.0188	

图3-11 配方结果报告

有时,约束条件太苛刻,就可能会出现"规划求解找不到有用的解"。如本例中将消化能的标准设置为14.22 MJ/kg,就会出现如图3-12所示的情况,点"确定",可根据经验重新对约束条件进行调整,反复几次后,即可使规划求解成功。

图3-12　规划求解结果2:找不到有用的解

(3)规划求解结果选择

1)选择"保存规划求解结果",点击"确定",即可保存有效的运算结果。

2)选择"恢复为原值",点击"确定",即废弃新的计算结果,重新恢复到求解前的配方。

3)在"报告"中,可选择"运算结果报告""敏感性报告"和"极限值报告",点击"确定",在屏幕最左下方,分别生成"运算结果报告1""敏感性报告1"和"极限值报告1",再点击各个报告,查看详情。

4)线性规划法设计饲料配方的求解思想

①约束条件可从三方面考虑:一是预定并保证配方设计要求的营养指标,设定营养指标的上下限;二是对某些非常规饲料、含抗营养因子及毒素而不可多用的原料、资源紧俏的原料规定其用量范围;三是所有饲料用量之和,可以是1、100%。

② 为使问题达到最优解,可以适当降低某些营养指标、放宽原料用量上下限、扩大原料的选择面等。

③ 对于给定的某一线性规划问题,求解过程存在从一个基可行解到另一基可行解的"旅行",而且基可行解对应的目标函数值依次严格下降。线性规划法如果有最优解,则具有唯一性;若无最优解,则最后一个基可行解最接近目标要求,可由此得出"参考配方"。当提供参考解时,可根据营养学的知识判别是否可用。

(4)线性规划最大收益饲料配方设计

最低成本配方模型可以实现一定生产水平下的动物单位饲料成本最低,但并不意味着所设计的配方具有最佳的饲料报酬或经济效益。一般而言,饲料价格越低,其营养价值可能越差,追求最低成本往往会导致那些廉价的营养价值较低的原料入选或用量增加,使配方的使用价值降低。为防止这种情况发生,就要给予比较严格的限制条件,从而不轻易得到所谓的最优解。

(三)计算实例

用玉米、豆粕、菜籽粕、鱼粉、豆油、磷酸氢钙、石粉、食盐、98%L-赖氨酸盐酸盐、98%DL-蛋氨酸和1%产蛋鸡预混料等11种原料,计算优化海兰褐蛋鸡产蛋率≥90%的高峰期饲料配方。

1. 确定饲料原料的营养成分值

参照饲料营养数据库中营养数据及其原料分析测定值确定饲料原料主要营养成分值,具体见表3-5。

表3-5 产蛋鸡饲料原料主要营养成分值

原料	代谢能/ (kcal/kg)*	粗蛋白质/%	总钙/%	有效磷/%	钠/%	氯/%	赖氨酸/%	蛋氨酸/%	蛋+胱氨酸/%
玉米(二级)	3220	7.8	0.02	0.11	0.01	0.04	0.23	0.15	0.30
豆 粕	2350	43.5	0.33	0.21	0.03	0.05	2.60	0.59	1.24
菜籽粕	1770	36.0	0.65	0.35	0.09	0.11	1.21	0.63	1.40
鱼粉(一级)	2960	64.5	3.81	2.83	0.88	0.60	5.12	1.66	2.29
豆油	8370	—	—	—	—	—	—	—	—
98%L-赖氨酸 盐酸盐	—	—	—	—	—	—	78	—	—
98%DL-蛋氨酸	—	—	—	—	—	—	—	98	98
磷酸氢钙	—	—	23.3	18	—	—	—	—	—
石粉	—	—	36	—	—	—	—	—	—
盐	—	—	—	—	39	59	—	—	—
1%蛋鸡预混料	—	—	—	—	—	—	—	—	—

*1 kcal=4.184 kJ.

2. 形成原始工作表

在原料成分数据基础上,参考海兰褐蛋鸡饲养标准确定产蛋率≥90%的高峰期饲料营养需要标准。确定同期各种饲料原料的市场价格,并对饲料原料的用量做出相应的限定。最后将所有数据一起填入Excel表中,并在相应栏中输入计算公式,形成Excel规划求解原始工作表,具体见图3-13。

F17至N17为营养成分计算值与所定标准的差值,F17的公式:=F16-F15,其后G17、H17、I17等以此类推。E3至E13为配方规划结果值;E15为总和,公式=sum(e3:e13),F16为配方中营养成分代谢能的总量,公式=(sumproduct($e3:$e13,f3:f13))/100,其后G16、H16、I16等以此类推。

Microsoft Excel - 产蛋鸡高峰期饲料配方规划求解表

文件(F)　文件(F)　编辑(E)　视图(V)　插入(I)　格式(O)　工具(T)　数据(D)　窗口(W)　帮助(H)

	A	B	C	D	E	F	G	H	I	J	K	L	M	N
1						产蛋鸡高峰期饲料配方规划求解原始工作表								
2	原料	单价（元/kg）	最小用量%	最大用量%	配方结果	代谢能 ME(Kcal/kg)	粗蛋白质 CP（%）	总钙 Ca(%)	有效磷 AP（%）	钠Na（%）	氯Cl（%）	赖氨酸 Lys(%)	蛋氨酸 Met(%)	蛋+胱氨酸 Met+Cys(%)
3	玉米（二级）	2.4	0.0	70.0		3220	7.8	0.02	0.11	0.01	0.04	0.23	0.15	0.30
4	豆粕	4.2	0.0	30.0		2350	43.5	0.33	0.21	0.03	0.05	2.60	0.59	1.24
5	菜籽粕	2.8	0.0	5.0		1770	36	0.65	0.35	0.09	0.11	1.21	0.63	1.40
6	鱼粉（一级）	9.8	0.0	1.0		2960	64.5	3.81	2.83	0.88	0.60	5.12	1.66	2.29
7	豆油	7.5	0.0	1.0		8370								
8	98%赖氨酸盐盐酸盐	10.5	0.0	1.0								78		
9	98%蛋氨酸	26	0.0	1.0									98	98
10	磷酸氢钙	2.1	0.0	2.0		-	-	23.3	18			-	-	-
11	石粉	0.2	0.0	10.0		-	-	36	-			-	-	-
12	盐	1.2	0.0	1.0						39	59			
13	1%预混料	6	1.0	1.0										
14	高峰期饲料					ME(Kcal/kg)	粗蛋白质 CP（%）	总钙 Ca(%)	有效磷 AP（%）	钠Na（%）	氯Cl（%）	赖氨酸 Lys(%)	蛋氨酸 Met(%)	蛋+胱氨酸 Met+Cys(%)
15	高峰期营养标准	成本（元/kg）		配方总和	0	2650	16.5	3.2	0.3	0.13	0.12	0.68	0.35	0.62
16	成本及其营养位	0			0	0	0	0	0	0	0	0	0	0
17	计算位与标准差					-2650.0	-16.5	-3.20	-0.30	-0.13	-0.1	-0.68	-0.35	-0.62
18						注：F16等于（sumproduct（$e3:$e13, f3:f13））/100. 其后G16, H16等以此类推								

饲料原料营养成分表 \ 规划求解原始工作表 / 饲料配方求解结果 /

图3-13　产蛋鸡高峰期饲料配方规划求解原始工作表

3. 规划求解

（1）选择"工具"菜单"规划求解"选项，进入"规划求解参数"对话框，当输入参数完毕后，结果如图3-14所示。设置目标单元格B16为最小成本，可变单元格E3至E13为配方结果，约束项，包括总和E15、原料用量最小、最大限定项、配方结果的代谢能值等。各种营养成分值均应该设定大于或小于营养确定值。

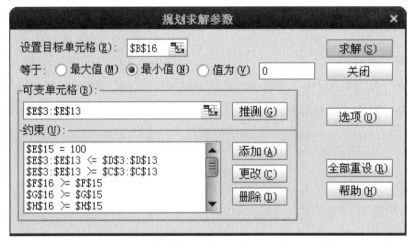

图3-14　"规划求解参数"对话框

（2）在图3-14的"规划求解参数"对话框中单击"选项"，即进入"规划求解选项"对话框，选中"采用线性模型""假定非负"，如图3-15所示，然后回车，又返回到"规划求解参数"对话框。

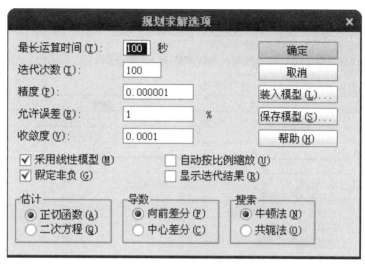

图3-15 "规划求解选项"对话框

（3）检查输入的原始数据以及"规划求解参数"等的输入，确定无误后单击"规划求解参数"中的"求解"按钮。随即计算机开始自动运算出规划求解结果，如图3-16所示。

Microsoft Excel - 产蛋鸡高峰期饲料配方规划求解表

文件(F) 文件(F) 编辑(E) 视图(V) 插入(I) 格式(O) 工具(T) 数据(D) 窗口(W) 帮助(H)

	A	B	C	D	E	F	G	H	I	J	K	L	M	N
2	原料	单价（元/kg）	最小用量%	最大用量%	配方结果	ME(Kcal/kg)	CP(%)	Ca(%)	AP(%)	Na(%)	Cl(%)	Lys(%)	Met(%)	Met+Cys(%)
3	玉米（二级）	2.4	0.0	70.0	60.46	3220	7.8	0.02	0.11	0.01	0.04	0.23	0.15	0.30
4	豆粕	4.2	0.0	30.0	23.64	2350	43.5	0.33	0.21	0.03	0.05	2.60	0.59	1.24
5	菜籽粕	2.8	0.0	5.0	5.00	1770	36.0	0.65	0.35	0.09	0.11	1.21	0.63	1.40
6	鱼粉（一级）	9.8	0.0	1.0	0.00	2960	64.5	3.81	2.83	0.88	0.60	5.12	1.66	2.29
7	豆油	7.5	0.0	2.0	1.06	8370								
8	98%赖氨酸盐酸盐	10.5	0.0	1.0	0.00							78		
9	98%蛋氨酸	26.0	0.0	1.0	0.09								98	98
10	磷酸氢钙	2.1	0.0	2.0	0.92	-	-	23.3	18			-	-	-
11	石粉	0.2	0.0	10.0	7.53			38	-			-		
12	盐	1.2	0.0	1.0	0.29					39	59			
13	1%预混料	6.0	1.0	1.0	1.00									
14	高峰期饲料					ME(Kcal/kg)	CP(%)	Ca(%)	AP(%)	Na(%)	Cl(%)	Lys(%)	Met(%)	Met+Cys(%)
15	高峰期营养需要	成本（元/kg）		配方总和	100.0	2680.00	16.80	3.20	0.30	0.13	0.12	0.70	0.35	0.62
16	成本及其营养位	2.79			0	2680	16.80	3.20	0.30	0.13	0.21	0.81	0.35	0.63
17	计算位与标准差					0.0	0.0	0.00	0.00	0.00	0.09	0.11	0.00	0.01
18						注：F16等于（sumproduct（$e3:$e13,f3:f13））/100. 其后G16,H16等以此类推								

饲料原料营养成分表 / 规划求解原始工作表 / 饲料配方求解结果

图3-16 产蛋鸡高峰期饲料配方规划求解结果

（4）在"规划求解结果"框中，默认选中"保存规划求解结果"，就会出现结果报告，具体见图3-17。

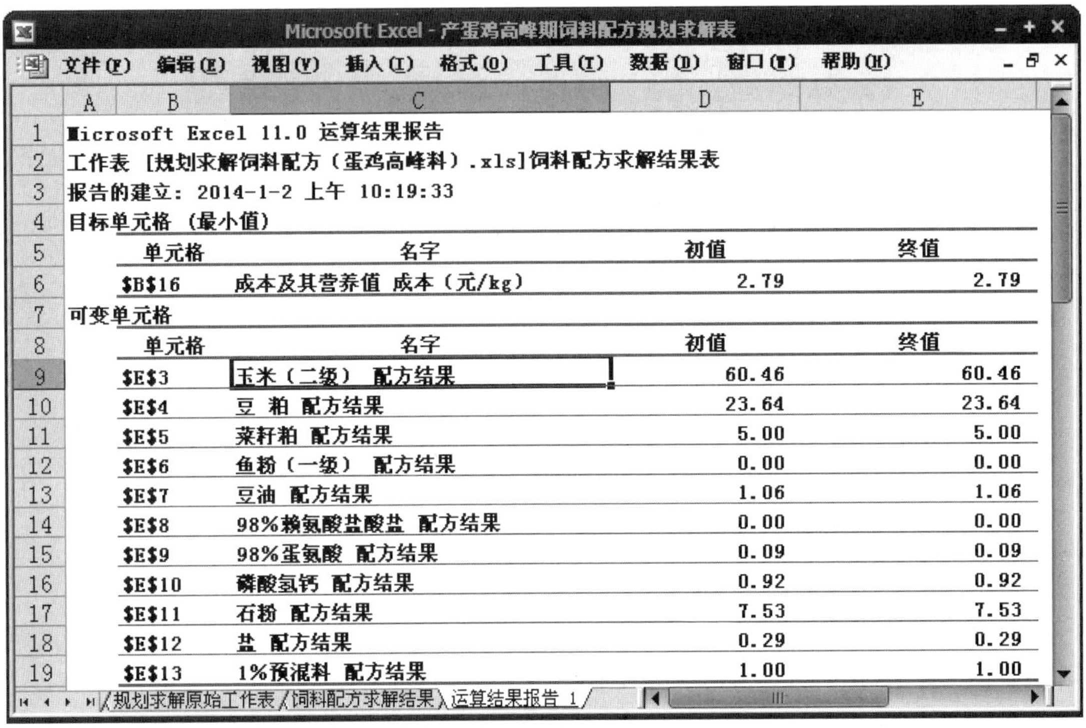

图3-17　产蛋鸡高峰饲料配方规划求解运算结果报告

4. 结果审定

从规划求解结果可以看出，实际配方营养值能满足营养需要值，优化的最低配方成本为2.79元/kg，其具体配方见表3-4。

表3-4　海兰褐蛋鸡高峰期产蛋率≥90%的饲料配方　　　　　单位:%

饲料原料	玉米	豆粕	菜籽粕	大豆油	磷酸氢钙	石粉	盐	蛋氨酸	1%产蛋鸡预混料
配合比例	60.46	23.54	5.0	1.06	0.92	7.53	0.29	0.09	1.0

四、拓展提高

（1）不同动物，不同生理状态、生产水平、加工工艺、环境温度下配方的营养标准如何选择？

（2）线性规划法进行饲料配方设计在无最优解的情况下，如何在基可行解中找到一个能接受的配方？

（3）如何设计线性规划最大收益饲料配方？

五、评价考核

学生提交报告,教师可从以下5个方面综合评价,给出学生考核成绩。

(1)所选动物营养指标的合理性;

(2)配方所选原料的合理性;

(3)选择配方设计方法的正确性;

(4)配方设计步骤的完整性;

(6)标示出配方结果和配方说明的准确性。

(编写者:兰云贤)

实训 4

猪、禽浓缩饲料的配方设计

　　浓缩饲料又称平衡混合料,是全价配合饲料扣除能量饲料后所剩余部分,包括蛋白质饲料、矿物质、添加剂预混料三大部分所混合而成的一种饲料产品,由于蛋白质含量高,也称蛋白浓缩料、精料。浓缩饲料不能直接饲喂,须按一定比例与玉米等能量饲料混合后制成全价饲料,在营养水平上达到或接近畜禽的饲养标准后,方可饲喂相应的动物。浓缩饲料有利于当地能量饲料资源的合理利用,降低运输成本,有价格优势,且浓缩饲料再配制成全价配合饲料的技术简单,设备要求不高,使用方便,只要按比例添加能量饲料即可保证畜禽的生长发育及生产性能的营养需要。因此,浓缩饲料在中小型养殖场及农户养殖生产中具有重要地位。

一、项目导入

　　猪与禽类的浓缩饲料在全价配合饲料中所占的比例以20% ~ 40%为宜,为方便使用,最好使用整数比例。若比例太低,需要用户配合的原料种类增加,浓缩饲料生产厂家对最终产品质量控制范围减小,浓缩料成本显得过高;而比例过高,则又失去了浓缩的意义。因此,应本着有利于保证质量,又充分利用当地资源和节约成本的原则确定比例。浓缩饲料建议比例如后。猪:仔猪(15 ~ 35 kg)为30% ~ 40%,生长猪(35 ~ 60 kg)为30%,育肥猪(60 kg以上)为20% ~ 30%;鸡:育成鸡(7 ~ 20周龄)为30% ~ 40%,产蛋鸡为40%(含贝壳粉和石粉)或30%(不含贝壳粉或石粉),肉鸡为40%。

　　单胃动物和家禽浓缩饲料配方的设计方法有两种:一种是间接法,即由全价配合饲料配方推算出浓缩饲料配方;另一种是直接法,根据用量比例或浓缩饲料标准,直接设计浓缩饲料配方。

二、实训任务

　　任务1:以52%玉米、5%麦麸、8%高粱为能量饲料,预留0.2的微量元素预混料、0.025%的维生素预混料空间,自选其他原料为0 ~ 8周龄蛋用鸡设计一浓缩料配方。

　　任务2:以玉米、高粱、麦麸作能量饲料,用豆粕、鱼粉、菜粕、棉粕、碳酸钙、骨粉、食盐、维生素和微量元素预混料,为20 kg的生长猪设计浓缩饲料。

三、实训方案

1. 以产蛋鸡的浓缩料配方为例说明间接法设计步骤

（1）计算实例

试用豆粕（CP 46%）、玉米蛋白粉（CP 60%）、98.5%赖氨酸盐酸盐、98%蛋氨酸、98%苏氨酸、50%氯化胆碱、磷酸氢钙、石粉、食盐、小苏打、植酸酶、矿物质添加剂和复合维生素添加剂，配制用量为30%的罗曼高产蛋鸡浓缩饲料配方。所用饲料原料的营养成分参照中国饲料成分及营养价值表和实测值。

（2）设计方法

先根据动物营养需要或营养标准计算出全价饲料配方，再扣除全部或部分能量饲料，还可能去掉部分蛋白质饲料或矿物质饲料，最后重新计算剩余各原料百分比，即可得到浓缩饲料配方。为方便使用，在设计配方时应注意浓缩饲料和能量饲料的比例最好为整数。

（3）资料准备

计算器或Excel软件、动物营养需要或饲养标准表。

（4）查营养需要和原料营养成分表，设计全价配合饲料配方

查找家禽营养需要（NRC，2004）和中国《鸡饲养标准》（NY/T 33—2004）以及中国饲料成分及营养价值表，列出高产蛋鸡的营养需要和饲料原料的营养价值，将营养需要和成分录入Excel表格中，参照畜禽全价配合饲料配方计算方法，设计出全价配合饲料配方并核验，见表4-1。

表4-1　高产蛋鸡全价饲料配方及营养需要量表

	A	B	C	D	E	F	G	H	I	J	K	L	M	N	O
1	饲料原料	配比%	价格（元/kg）	代谢能MJ/Kg	CP%	Ca%	TP%	AP%	TD-Lys%	TD-Met%	TD-Cys%	TD-Thr%	TD-Trp%	Na%	Cl%
2	玉米	62.00	2.50	13.37	7.80	0.02	0.27	0.10	0.20	0.14	0.13	0.25	0.05	0.02	0.04
3	小麦麸	2.00	1.80	6.82	15.70	0.11	0.92	0.20	0.46	0.18	0.18	0.34	0.15	0.07	0.07
4	大豆油	1.00	10.00	35.00	0.00	0.00	0.00	0.00	0.00	0.00	0.00	0.00	0.00	0.00	0.00
5	玉米蛋白粉	2.00	4.50	15.08	59.00	0.07	0.41	0.15	0.90	1.32	0.89	1.93	0.33	0.01	0.05
6	豆粕46%	21.00	3.20	10.54	46.00	0.32	0.61	0.20	2.61	0.59	0.60	1.58	0.56	0.03	0.05
7	赖氨酸	0.26	15.00	0.00	78.00	0.00	0.00	0.00	78.00	0.00	0.00	0.00	0.00	0.00	19.00
8	蛋氨酸	0.34	80.00	0.00	98.50	0.00	0.00	0.00	0.00	98.50	0.00	0.00	0.00	0.00	0.00
9	苏氨酸	0.06	15.00	0.00	98.00	0.00	0.00	0.00	0.00	0.00	0.00	98.00	0.00	0.00	0.00
10	氯化胆碱	0.15	5.00	0.00	0.00	0.00	0.00	0.00	0.00	0.00	0.00	0.00	0.00	0.00	12.70
11	颗粒钙	6.00	0.00	0.00	0.00	38.00	0.00	0.00	0.00	0.00	0.00	0.00	0.00	0.00	0.00
12	石粉	3.50	0.06	0.00	0.00	35.84	0.00	0.00	0.00	0.00	0.00	0.00	0.00	0.00	0.00
13	CaHPO4	0.70	1.75	0.00	0.00	23.29	18.00	18.00	0.00	0.00	0.00	0.00	0.00	0.00	0.00
14	食盐	0.08	1.00	0.00	0.00	0.00	0.30	0.00	0.00	0.00	0.00	0.00	0.00	39.50	59.00
15	小苏打	0.37	2.00	0.00	0.00	0.00	0.00	0.00	0.00	0.00	0.00	0.00	0.00	27.00	0.00
16	多维	0.04	80.00	0.00	0.00	0.00	0.00	0.00	0.00	0.00	0.00	0.00	0.00	0.00	0.00
17	矿添	0.40	2.00	0.00	0.00	0.00	27.19	0.00	0.00	0.00	0.00	0.00	0.00	0.00	0.00
18	植酸酶	0.10	5.00	0.00	0.00	0.00	0.00	0.00	0.00	0.00	0.00	0.00	0.00	0.00	0.00
19	成本及营养计算值	100.00	2.84	11.29	16.59	3.89	0.45	0.24	0.90	0.57	0.23	0.59	0.16	0.15	0.15
20	营养需要			11.29	16.50	3.80	0.60	0.24	0.85	0.34	0.41	0.55	0.16	0.15	0.15
21	计算值与需要差			0.00	-0.02	0.09	-0.15	0.00	0.05	0.05		0.04	0.00	0.00	0.00

（5）确定浓缩饲料在全价配合饲料中的比例

浓缩料比例=100-全价配合饲料中全部（或部分）能量饲料比例，该比例尽可能以一个整

数呈现。该比例也可换算成以"千克每吨"为单位表示。

通常,在配制蛋鸡浓缩料时,玉米等能量饲料与颗粒钙粉(石粉)一起由用户自行添加,为给出整数,将5%颗粒钙也一起减出,则本例浓缩料比例为100%-(62.00+2.00+1.00)%-5.00%=30%。

（6）计算浓缩饲料的配方和营养水平

将使用的各种饲料占全价配合饲料的百分数分别除以浓缩饲料比例,得到所要配制的浓缩饲料配方,即以全价料配方中各个原料比例(%)÷浓缩料配比(即30%),见表4-2。

表4-2　高产蛋鸡浓缩饲料配方的计算及营养水平

原料	扣除后饲料用量/%	计算过程	浓缩饲料百分比/%
玉米蛋白粉	2.00	2.00/30×100	6.67
豆粕CP46%	21.00	21/30×100	70.00
赖氨酸	0.26	0.26/30×100	0.87
蛋氨酸	0.34	0.34/30×100	1.13
苏氨酸	0.06	0.06/30×100	0.20
氯化胆碱	0.15	0.15/30×100	0.50
颗粒钙	1.00	1.0/30×100	3.33
石粉	3.50	3.5/30×100	11.67
$CaHPO_4$	0.70	0.7/30×100	2.33
食盐	0.08	0.08/30×100	0.27
小苏打	0.37	0.37/30×100	1.23
多维	0.04	0.4/30×100	0.13
矿添	0.40	0.4/30×100	1.33
植酸酶	0.10	0.10/30×100	0.33
合计	30.00	30/30×100	100.00

（7）列出配方,计算营养水平,复核配方（表4-3）

表4-3　高产蛋鸡浓缩饲料配方及营养水平

原料	浓缩饲料百分比/%	每吨浓缩饲料中含量/kg	养分	营养水平/%
玉米蛋白粉	6.67	66.67	代谢能/(MJ/kg)	8.38
豆粕CP46%	70.00	700.00	CP	38.12
赖氨酸	0.87	8.67	Ca	6.58
蛋氨酸	1.13	11.33	TP	0.87
苏氨酸	0.20	2.00	AP	0.57
氯化胆碱	0.50	5.00	TD-Lys	2.56
颗粒钙	3.33	33.33	TD-Met	1.62
石粉	11.67	116.67	TD-Cys	0.48
$CaHPO_4$	2.33	23.33	TD-Thr	1.43
食盐	0.27	2.67	TD-Trp	0.42
小苏打	1.23	12.33	Na	0.46

续表

原料	浓缩饲料百分比/%	每吨浓缩饲料中含量/kg	养分	营养水平/%
多维	0.13	1.33	Cl	0.42
矿添	1.33	13.33	—	—
植酸酶	0.33	3.33	—	—
合计	100.00	1000.00	—	—

（8）配方说明

①本浓缩料配方适用于高产蛋鸡。

②使用方法及使用剂量：本品不能直接饲喂蛋鸡，需按30%的比例，将本配方产品与62%玉米、2%小麦麸、1%油脂和5%颗粒钙混合均匀后使用。

③本配方产品应保存在阴凉、避光、干燥之处。

2. 以生长肥育猪的浓缩饲料配方说明直接法设计的步骤

（1）设计实例

用豆粕、棉仁粕、菜籽粕、鱼粉、花生粕、98.5%赖氨酸盐酸盐、98%蛋氨酸、磷酸氢钙、石粉、食盐、植酸酶和1%预混料，为60 kg生长肥育猪设计浓缩饲料配方。

（2）设计方法

根据用户现有的能量饲料种类和数量，确定浓缩饲料与能量饲料的比例，结合畜禽饲养标准或营养需要确定浓缩饲料各养分所应达到的水平，最后计算浓缩饲料的配方。

（3）资料准备

计算器或 Excel 软件，动物营养需要或饲养标准表。查生长猪的饲养标准，确定适宜的营养指标，见表4-4。

表4-4　60 kg生长肥育猪饲养标准

DE/(MJ/kg)	CP/%	Ca/%	AP/%	Lys/%	Met+Cys/%
12.98	16	0.60	0.28	0.75	0.50

（4）确定浓缩饲料与能量饲料的比例

根据销售区域内能量饲料种类、特点制订相应比例，或按客户要求和习惯设定比例，如玉米50%、高粱20%、小麦麸5%，则浓缩饲料的比例为25%。

（5）计算能量饲料提供的营养水平

若无原料养分实测值，则在中国饲料成分及营养价值表中查得能量饲料原料的营养成分后，乘以原料用量，计算出能量饲料所提供的养分数量，见表4-5。

表4-5　能量饲料提供的营养水平

饲料	配合料中的比例/%	DE /(MJ/kg)	CP /%	Ca /%	AP /%	Lys /%	Met+Cys /%
玉米	50	7.14	4.35	0.01	0.05	0.12	0.19
高粱	20	2.64	1.8	0.026	0.024	0.036	0.058

续表

饲料	配合料中的比例/%	DE /(MJ/kg)	CP /%	Ca /%	AP /%	Lys /%	Met+Cys /%
小麦	5	0.47	0.79	0.006	0.015	0.029	0.02
合计	75	10.25	6.94	0.042	0.089	0.185	0.268

(6)计算浓缩饲料的营养水平

营养需要减去能量饲料提供养分量,得到浓缩饲料应提供的养分数量,再除以浓缩饲料比例,本例为25%。

如粗蛋白在浓缩饲料中的营养水平应为:(16-6.94)/25＝36.25%,其他指标以此类推,结果见表4-6。

表4-6　浓缩饲料的营养水平

DE /(MJ/kg)	CP /%	Ca/%	AP /%	Lys /%	Met+Cys /%
10.92	36.24	2.232	0.764	2.26	0.92

(7)选择浓缩饲料原料并确定其配比

根据饲料来源、价格、营养价值等方面,选择适宜的原料。浓缩饲料中各原料中的比例,可采用与全价配合饲料相同的设计方法,最好采用目标规划法设计最低成本配方,同时还可设置含抗营养因子的原料上下限,使其在全价饲料中不超过安全剂量,另需固定预混料及盐的比例,见表4-7。

表4-7　60 kg生长肥育猪浓缩料配方

原料	用量/%	原料	用量/%
鱼粉	4.0	石粉	4.0
大豆粕	40.0	磷酸氢钙	2.4
棉仁饼	16.0	饲料用盐	1.6
菜籽饼	15.0	98.5% L-LYS	0.9
花生饼	12.1	1%猪用预混料	4.0

60 kg生长肥育猪的全价料配方为:25%浓缩饲料+50%玉米+20%高粱+5%小麦麸。

(8)复核并列出配方

将浓缩料中各原料用量相加,验证是否等于添加比例;用"各原料用量×养分含量×比例+能量饲料提供的养分",检验全价料中养分营养水平是否满足猪的需要,以验证浓缩料配方的合理性。配方复核通过后,列出浓缩料配方。

(9)配方说明

①本品适用于60 kg体重的生长肥育猪,本品不可直接饲喂,请参考推荐配方用量添加本品,并粉碎混合均匀后饲喂。

②本品在保质期内尽快使用完毕,请勿使用发霉变质原料。

③本品存放在通风、干燥、阴凉处,开封后及时扎紧袋口,在保质期内用完,以免受潮、污染而变质。

四、拓展提高

(1)如果全价饲料配方中能量饲料之和不为整数,在抽取浓缩饲料时如何调整为符合生产实际的比例?

(2)如果能量饲料之和超过或低于预定配合系数,如何调整至相应配合系数?

五、评价考核

学生提交报告,教师可从以下5个方面综合评价,给出学生考核成绩。

(1)所选动物营养需要合理性;

(2)配方所选原料的合理性;

(3)选择配方设计方法的正确性;

(4)配方设计步骤的完整性;

(5)标示出配方结果和配方说明的准确性。

(编写者:施晓利)

实训 5

维生素预混料、微量元素预混料的配方设计

添加剂预混合饲料是由两种(类)及其以上饲料添加剂与载体或稀释剂按一定比例配制的均匀混合物,是饲料生产的核心。添加剂预混料包括微量元素预混料、维生素预混料、功能性添加剂预混料以及复合预混料等,添加剂预混料在配合饲料中的使用量通常为0.5%~4%。维生素和微量元素预混料是动物营养平衡、电解质平衡、营养与免疫力调控必不可少的营养素。

一、项目导入

维生素种类很多,通常根据其溶解性分为两大类,即脂溶性维生素(维生素A、维生素D、维生素E和维生素K)和水溶性维生素(维生素B族和维生素C)。维生素类属于维持动物机体正常生理功能所必需的低分子化合物,是维持生命的必需营养元素。维生素预混料可分为通用型和专用型,通用型常分为猪用和禽用维生素预混料,此类产品使用方便,但针对具体动物可能出现个别维生素过多或过少,专用型维生素预混料是专为各种畜禽、各种生产目的配制的预混料,能避免通用型的缺点。

常用作饲料添加剂的微量矿物元素包括铁、铜、锰、锌、硒、碘、钴、有机铬等,它们在肌体内发挥着其他物质不可替代的作用。铁、铜、钴都是造血不可缺少的元素;锰是许多参与糖、蛋白质、脂肪代谢的酶的组成成分,也是硫酸软骨素必需的成分之一,能促进机体钙、磷代谢及骨骼的形成;碘是形成甲状腺素所必需的元素,缺碘时主要表现为甲状腺肿及代谢功能降低,生长发育受阻,丧失繁殖力;锌是体内多种酶的组成成分,也是胰岛素的组成成分,锌主要通过这些酶及激素参与体内的各种代谢活动;硒是谷胱甘肽过氧化物酶的组成成分,谷胱甘肽可以消除脂质过氧化物的毒性作用,保护细胞和亚细胞膜免受过氧化物的损伤。

二、实训任务

任务1:试设计0~3周肉用仔鸡日粮维生素复合预混料配方,添加比例为0.05%,即每吨添加500 g。

任务2:试设计8~20 kg瘦肉型猪日粮用微量元素预混料配方,添加比例为0.2%,即每吨添加2 kg。

三、实训方案

1. 材料准备

满足动物生产的营养需要和饲养标准、NRC(美国国家研究委员会)饲养标准、饲料添加剂安全使用规范、我国相关的预混料产品标准、产品市场定位的价格基础、用户具体要求等。

计算器或计算机Excel软件或配方软件。

2. 注意事项

(1)关于动物对添加剂的需要量确定

明确产品使用对象,选定相关营养需要或产品标准,确定元素或化合物的需要量。可供参考的标准有我国的国家、行业和企业相关标准,NRC饲养标准,ARC(英国农业研究院)的饲养标准等。通常以饲养标准中规定的微量元素和维生素需要量作为添加量,但饲养标准中的营养需要量是在试验条件下,满足动物正常生长发育的最低需要量,实际生产条件远远超出试验控制条件。因此,在确定添加剂预混料配方中各种原料用量时,要加上一个适宜的量,即保险系数或称安全系数,以保证满足动物在生产条件下对营养物质的正常需要。

维生素的生物学效价受多种因素影响,其添加量应根据动物的饲养标准以及各影响因素来确定。一般常规原料中因维生素 A、维生素 D_3、维生素 E、维生素 B_2、维生素 K_3 含量不足或具有特殊生理作用,应适当提高它们的用量,而维生素 B_1、维生素 B_6 和生物素含量较丰富,用量可以适当降低,其他维生素可按营养需要添加。

(2)关于原料选择

综合原料的生物效价、价格和加工工艺的要求选择维生素和微量元素原料,通过查询微量元素或维生素等产品质量标准,确定所选添加剂原料的元素或化合物含量。

考虑到过量使用添加剂预混料成分对动物及人体健康、生态环境等方面的潜在影响,农业部(现农业农村部)制订公告的《饲料添加剂安全使用规范》中规定了各种合成氨基酸、常量元素、微量元素、维生素产品的来源、含量规格、适用动物以及在各种动物配合饲料(或全混合日粮)中的推荐用量范围和最高限量;农业部制订公告的《饲料药物添加剂使用规范》中则规定了可在饲料中长时间添加的用于预防动物疾病、促进动物生长的饲料药物添加剂的有效成分、含量规格、适用动物、用法用量、停药期及注意事项。在选择添加剂预混料原料时,必须遵照以上的标准。

无机来源的微量元素及其估测相对生物学利用率、维生素添加剂的规格要求分别参见表5-1和表5-2。

表5-1　无机来源的微量元素及其估测相对生物学利用率

微量元素	元素来源	化学式	元素含量/%	相对生物学利用率/%
铁(Fe)	一水硫酸亚铁	$FeSO_4 \cdot H_2O$	30.0	100
	七水硫酸亚铁	$FeSO_4 \cdot 7H_2O$	20.0	100
	碳酸亚铁	$FeCO_3$	38.0	15～80
	三氧化二铁	Fe_2O_3	69.9	0
	六水氯化铁	$FeCl_3 \cdot 6H_2O$	20.7	40～100
	氧化亚铁	FeO	77.8	—
铜(Cu)	五水硫酸铜	$CuSO_4 \cdot 5H_2O$	25.2	100
	碱式氯化铜	$Cu_2(OH)_3Cl$	58.0	100
	氧化铜	CuO	75.0	0～10
	一水碱式碳酸铜	$CuCO_3 \cdot Cu(OH)_2 \cdot H_2O$	50.0～55.0	60～100
	无水硫酸铜	$CuSO_4$	39.9	100
锰(Mn)	一水硫酸锰	$MnSO_4 \cdot H_2O$	29.5	100
	氧化锰	MnO	60.0	70
	二氧化锰	MnO_2	63.1	35～95
	碳酸锰	$MnCO_3$	46.4	30～100
	四水氯化锰	$MnCl_2 \cdot 4H_2O$	27.5	100
锌(Zn)	一水硫酸锌	$ZnSO_4 \cdot H_2O$	35.5	100
	氧化锌	ZnO	72.0	50～80
	七水硫酸锌	$ZnSO_4 \cdot 7H_2O$	22.3	100
	碳酸锌	$ZnCO_3$	56.0	100
	氯化锌	$ZnCl_2$	48.0	100
碘(I)	乙二胺双氢碘化物	$C_2H_8N_22HI$	79.5	100
	碘酸钙	$Ca(IO_3)_2$	63.5	100
	碘化钾	KI	68.8	100
	碘酸钾	KIO_3	59.3	—
	碘化亚铜	CuI	66.6	100
硒(Se)	亚硒酸钠	Na_2SeO_3	45.0	100
	十水硒酸钠	$Na_2SeO_4 \cdot 10H_2O$	21.4	100
钴(Co)	六水氯化钴	$CoCl_2 \cdot 6H_2O$	24.3	100
	七水硫酸钴	$CoSO_4 \cdot 7H_2O$	21.0	100
	一水硫酸钴	$CoSO_4 \cdot H_2O$	34.1	100
	一水氯化钴	$CoCl_2 \cdot H_2O$	39.9	100

表5-2 **维生素添加剂的规格要求**

种类	外观	粒度/(个/g)	含量	容重/(g/mL)	水溶性	重金属/(mg/kg)	砷盐/(mg/kg)	水分/%
维生素A，乙酸脂	淡黄到红褐色球状颗粒	10万~100万	50万IU/g	0.6~0.8	在温水中弥散	<50	<4	<5.0
维生素D₃	奶油色细粉	10万~100万	10万~50万IU/g	0.4~0.7	可在温水中弥散	<50	<4	<7.0
维生素E，乙酸脂	白色或淡黄色细粉或球状颗粒	100万	50%	0.4~0.5	吸附制剂，不能在水中弥散	<50	<4	<7.0
维生素K₃(MSB)	淡黄色粉末	100万	50%甲萘醌	0.55	溶于水	<20	<4	—
维生素K₃(MSBC)	白色粉末	100万	25%甲萘醌	0.65	可在温水中弥散	<20	<4	—
维生素K₃(MPB)	灰色到浅褐色粉末	100万	22.5%甲萘醌	0.45	溶于水的性能差	<20	<4	—
盐酸维生素B₁	白色粉末	100万	98%	0.35~0.4	易溶于水，有亲水性	<20	—	<1.0
硝酸维生素B₁	白色粉末	100万	98%	0.35~0.4	易溶于水，有亲水性	<20	—	—
维生素B₂	橘黄色到褐色，细粉	100万	96%	0.2	很少溶于水	—	—	<1.5
维生素B₆	白色粉末	100万	98%	0.6	溶于水	<30	—	<0.3
维生素B₁₂	浅红色到浅黄色粉末	100万	0.1~1%	因载体不同而异	溶于水	—	—	—
泛酸钙	白色到浅黄色粉末	100万	98%	0.6	易溶于水	—	—	<20(mg/kg)
叶酸	黄色到浅黄色粉末	100万	97%	0.2	水溶性差	—	—	<8.5
烟酸	白色到浅黄色粉末	100万	99%	0.5~0.7	水溶性差	<20	—	<0.5
生物素	白色到浅褐色粉末	100万	2%	因载体不同而异	溶于水或在水中弥散	—	—	—
氯化胆碱(液态制剂)	无色液体	—	70%、75%、78%	含70%者为1.1	易溶于水	<20	—	—

续表

种类	外观	粒度/(个/g)	含量	容重/(g/mL)	水溶性	重金属/(mg/kg)	砷盐/(mg/kg)	水分/%
氯化胆碱(固态制剂)	白色到褐色粉末	因载体不同而异	50%	因载体不同而异	氯化胆碱部分易溶于水	<20	—	<30
维生素C	无色结晶,白色到淡黄色粉末	因粒度不同而异	99%	0.5~0.9	溶于水	—	—	—

3. 添加剂预混料的设计步骤

现以妊娠母猪微量元素预混料配方的设计说明微量元素预混料的设计步骤。

(1)确定添加剂预混料在饲粮中的添加比例,本例为0.2%。

(2)确定微量元素的需要量,见表5-3。

表5-3 妊娠母猪微量元素需要量   单位:mg/kg

项目	营养需要					
微量元素	铁	铜	锰	锌	硒	碘
需要量	80	10	25	100	0.15	0.14

(3)根据基础饲料中微量元素含量,确定饲粮微量元素添加量。一般不考虑基础饲料中微量元素的含量,添加量即为需要量。

(4)选择微量元素添加剂原料,具体见表5-4。

表5-4 微量元素添加剂原料及规格

微量元素原料	化学式	纯品中元素含量/%	原料纯度/%
五水硫酸铜	$CuSO_4 \cdot 5H_2O$	Cu:25.0	98.0
5%碘化钾	KI	I:3.8	98.0
一水硫酸亚铁	$FeSO_4 \cdot H_2O$	Fe:33.0	98.0
一水硫酸锰	$MnSO_4 \cdot H_2O$	Mn:32.0	98.0
1%亚硒酸钠	$Na_2SeO_3 \cdot 5H_2O$	Se:0.45	98.0
一水硫酸锌	$ZnSO_4 \cdot H_2O$	Zn:35.0	98.0

(5)把微量元素添加量换算成微量元素原料添加量。

根据"原料添加量=微量元素添加量÷元素含量(%)÷商品纯度(%)",计算出微量元素添加剂原料在饲粮中的用量。

(6)计算出添加剂原料在0.2%预混料中用量,并选择适宜的载体和稀释剂,确定其用量。

预混料中添加剂原料用量(g/kg)=元素添加量÷原料元素含量÷纯度÷预混料占配合料比例÷1 000。

载体用量=微量元素预混料总量-各种微量元素添加剂商品用量之和。

具体如表5-5 所示。

表5-5　妊娠猪微量元素添加剂原料及其预混料配方计算表

营养元素	需要量/ (mg/kg)	元素添加量/ (mg/kg)	原料元素 含量/(g/kg)	原料纯度	0.2%预混料中 原料含量/(g/kg)	妊娠猪微量元素 预混料配方/%
铁	80	80	330	0.98	123.7	12.37
铜	10	10	250	0.98	20.4	2.04
锰	25	25	320	0.98	39.9	3.99
锌	100	100	350	0.98	145.8	14.58
硒	0.15	0.15	4.5	0.98	17.0	1.70
碘	0.14	0.14	38	0.98	1.9	0.19
小计	—	—	—	—	348.61	34.86
载体	—	—	—	—	651.39	65.14
合计	—	—	—	—	1000	100

（7）列出和复核配方,见表5-6 。

表5-6　0.2%妊娠母猪微量元素复合预混料配方表

微量元素原料	化学式	妊娠母猪微量元素配方/%
一水硫酸亚铁	$FeSO_4 \cdot H_2O$	12.37
五水硫酸铜	$CuSO_4 \cdot 5H_2O$	2.04
一水硫酸锰	$MnSO_4 \cdot H_2O$	3.99
一水硫酸锌	$ZnSO_4 \cdot H_2O$	14.58
5%碘化钾	KI	0.19
1%亚硒酸钠	$Na_2SeO_3 \cdot H_2O$	1.70
载体（细沸石粉）	—	65.1
合计	—	100.0

（8）配方说明。

1）本微量元素预混料配方适用于妊娠母猪。

2）使用方法及使用剂量:按0.2%的比例将本配方产品与其他日粮原料拌匀后使用。

3）本配方产品应保存在阴凉、避光、干燥之处。

四、拓展提高

（1）考虑到原料中维生素含量的维生素预混料的配方如何设计?

（2）如何选择不同动物、不同生理状态、生产水平、加工工艺、环境温度下维生素预混料配方的营养标准。

（3）如何进行兔和马维生素和微量元素预混料的配制?

（4）如何进行反刍动物舔砖的配制?

五、评价考核

学生提交报告,教师可从以下5个方面综合评价,给出学生考核成绩。

(1)所选动物维生素营养需要的合理性。

(2)配方所选原料的合理性。

(3)选择配方设计方法的正确性。

(4)配方设计步骤的完整性。

(5)标示出配方结果和配方说明的准确性。

(编写者:兰云贤)

实训 6

乳、仔猪教槽料与保育料配方设计

中国拥有世界1/3以上的猪品种,2012年出版的《中国畜禽遗传资源志·猪志》共收录了地方猪品种76个,培养猪品种18个,引入猪品种6个。地方猪品种在繁殖、肉质和抗逆等方面均有优异的种质特性,但因其生长速度慢、瘦肉率低、饲料报酬低等缺点,在目前的猪肉市场占有率不足10%。从原产地陆续引进的长白、大约克、杜洛克和汉普夏等世界著名瘦肉型猪种,加速了我国瘦肉型猪品种的培育和地方猪品种的杂交利用。中国的猪品种遗传多样性决定了猪营养需要和饲养方案的不同。

一、项目导入

由于养殖水平和养殖方式不同,仔猪断奶以后的饲养管理要求也就不同。生产中仔猪的体重在5~7 kg时断奶比较合适,断奶仔猪会先饲喂教槽料过渡一周左右,然后再喂保育前期料到42~50 d(体重12~15 kg)和保育后期料到70 d左右(体重30 kg左右),直至保育结束。在养殖业发达的国家常使用经典的"三阶段"(体重<6.8 kg、6.8~11.5 kg、11.5~23 kg)法,饲养仔猪效果良好。

二、实训任务

任务1:试设计仔猪12 kg体重前的保育前期料。
任务2:试设计仔猪12 kg体重后的保育后期料。

三、实训方案

1. 材料准备
猪的营养标准、饲料成分及营养价值表、带有Excel软件或配方软件的计算机。

2. 乳猪料配方设计的特点
(1)乳猪生理特点
1)生长发育迅速
乳猪对营养物质的数量和质量需要都相当高,"大×长"、"长×白"、杜洛克乳猪初生重分别约为1.45 kg、1.35 kg和1.52 kg;28日龄体重分别为初生重的4.8倍、4.9倍和4.3倍左右。快速的生长是以旺盛的物质代谢为基础的,20日龄乳猪每kg体重要沉积9~14 g蛋白质,相当于成年猪的30~50倍,每kg体重所需代谢净能为0.302 MJ,为成年母猪0.095 MJ的3倍左右,矿物质代谢也高于成年猪。

2)消化器官发育不完善,消化酶系统不健全

乳猪消化器官在结构和功能上都不完善。从解剖生理学的角度看,初生乳猪的消化器官虽然已经形成,但重量和容积都较小,如初生乳猪胃重仅4~8 g,为成年猪的1%左右,仅能容纳25~50 g乳汁,为断奶乳猪的1/3~1/2;初生乳猪小肠重仅为4周龄乳猪的1/10。食物通过15日龄乳猪消化道的时间大约为1.5 h,是30日龄时的1/3~1/2,是60日龄的1/10左右。因此,食物在乳猪胃内的排空速度和通过整个消化道的速度都较快。

在2~3周龄前,乳猪乳糖酶及与消化母乳有关的酶的活性是一个增长的过程,3周龄左右开始下降,8周龄下降80%;淀粉酶、麦芽糖酶、蛋白酶和胰蛋白酶的活性在出生时几乎为0,以后逐渐上升,4周龄以后淀粉酶、胃蛋白酶和胰蛋白酶活力上升速度加快,到8周龄基本达到正常水平,而麦芽糖酶4周龄以后基本不再升高;脂肪酶活力基本保持中等,5周龄以前增加不多,5周龄以后增加较快,7周龄时可达到出生时的2倍;因此,初生乳猪不能利用乳脂肪和乳蛋白,只能靠体内糖原和乳中乳糖氧化供能。

(2)乳猪饲料配方设计重点

1)乳猪养分需要量

为了刺激乳猪消化系统的快速生长,应及时给予补料训练,使其及早开食。补料开始时间以7日龄左右为好,一方面,乳猪7~10日龄开始出牙,齿龈发痒,是训练乳猪吃料的好时机;另一方面,可以保证在母猪产后3周泌乳量下降时,乳猪能正式吃料,以弥补母乳的不足,从而保证乳猪正常的生长发育。乳汁主要成分包括易消化的乳糖、乳脂、乳蛋白,还含有大量免疫因子和促生长因子。以干物质计算,乳汁中脂肪含量为35%,蛋白质含量为30%,乳糖含量为25%。在设计教槽料时,要注意乳猪肠道的变化,选择类似母乳的适口性好、易消化的原料;还要根据乳猪的不同日龄,分成前、中、后3个阶段,确保粗蛋白含量为19%~22%、赖氨酸含量为1.3%~1.5%较好,同时按乳猪理想的蛋白质氨基酸比例,确定蛋氨酸、苏氨酸、色氨酸等限制性氨基酸的需要比例。体重小于10 kg的乳猪对能量浓度不敏感,较高的能量不会影响采食量,鉴于乳猪生长发育快、消化系统发育不全、免疫力低下、体温调节能力差等生理特点,设计配方时,能量要高于推荐水平,消化能可大于15.048 MJ/kg。

2)乳猪饲料原料的选择和处理

乳猪教槽料设计应重点考虑饲料的消化率、适口性和可消化氨基酸的平衡。乳清粉的主要成分是乳糖,优质乳清粉含乳糖可达70%~85%,具有天然乳香味,能引起食欲,改善生长性能,提高养分利用率,是教槽料中乳糖的主要来源,添加量应高于15%。教槽料蛋白来源以优质白鱼粉、血浆蛋白粉、猪肠膜蛋白粉等动物性原料为最佳,植物性原料要预先进行膨化或

者发酵处理,做到"零抗原"或"低抗原"。发酵豆粕、大米、膨化小麦胚芽等蛋白含球蛋白、谷蛋白较多,品质较好;玉米蛋白主要是醇溶蛋白,品质较次。油脂应以豆油、玉米油、椰子油等为主,要求纯度高,并使用抗氧化剂,添加乳化剂和优质胆碱,豆油和椰子油配合使用效果会更好。油脂的添加量一般为1%~4%。

碳酸钙作为饲料钙源的主要原料之一,对乳猪的胃肠道 pH 影响很大,添加量超过0.8%时会影响饲料适口性和养分的吸收。甲酸钙是一种含甲酸的钙盐,含钙31%,含甲酸69%,中性 pH,在胃酸作用下可分离出游离的甲酸,降低胃内 pH,有利于激活胃蛋白酶原,弥补胃中消化酶和盐酸分泌的不足,提高饲料养分的消化率,阻止大肠杆菌及其他致病菌的生长繁殖,促进有益菌如乳酸杆菌的生长,是乳猪教槽料的较好钙源。

在教槽料的生产过程中,原料的预处理、投料顺序、调质温度、粉碎粒度、调制压力、环膜压缩比、水分控制、混合均匀度以及污染控制等细节都不允许有任何失误,目的就是保证原料充分熟化,达到最高的消化率和最佳口感。生产企业若没有膨化玉米等膨化或发酵的原料,可以采用二次制粒工艺,先高温熟化玉米、豆粕等耐热原料,降低抗原,提高消化率,后低温制粒,防止热敏性物质如乳清粉、葡萄糖、维生素等失去营养价值。

3. 断奶仔猪料配方设计特点

(1)断奶仔猪生理特点

1)消化酶和胃酸分泌不足

仔猪断奶后,胃内仅有凝乳酶和蛋白酶,且分泌量严重不足,仅为成年猪的1/3~1/4。4周龄仔猪在断奶后1周内,胰脂肪酶、蛋白酶、淀粉酶和凝乳酶等活性会下降到断奶前水平的1/3,大多要经过2周才能恢复或超过断奶前水平。据报道,仔猪空肠内容物中胰蛋白酶活性在断奶后第2天降低了50%,淀粉酶活性在断奶后第6天和第9天分别降低了50.8%和33.8%。一般要8周龄以后,仔猪消化道酶系统才趋于正常。

断奶仔猪胃底腺发育不完善,盐酸分泌不足,不能完全激活胃蛋白酶,仔猪就难以消化蛋白质,特别是植物性蛋白质。若大量未消化的蛋白质到达大肠,就会被有害微生物利用,产生甲烷、硫化氢、尸胺等有害物质,引起肠道渗透压升高,导致腹泻。

2)消化系统形态结构变化显著

研究表明,仔猪断奶后由摄取母乳改为摄取固体饲料后,在日粮干物质的机械磨损下,仔猪消化系统发生显著变化,会出现绒毛萎缩、腺窝变深、肠黏膜淋巴细胞增生和隐窝细胞有丝分裂速度加快等;同时,肠上皮细胞刷状缘的蔗糖酶、乳糖酶、异麦芽糖酶等活性下降,可导致肠道营养物质消化和吸收不良。

3)免疫力降低

初乳中免疫球蛋白的含量虽高,但降低很快,IgG 的半衰期为 14 d,IgM 为 5 d,IgA 为 2.5 d。仔猪 10 日龄以后才开始自产免疫抗体,但 30~35 日龄以前数量还很少,要 5~6 月龄才达成年猪水平。因此,仔猪断奶后,不可能再从母乳获得抗体,自身免疫系统的发育也受到抑制,再加上受断奶应激和日粮应激的影响,对疾病的抵抗力下降,容易发生腹泻。

4)肠道微生态系统失调

新生仔猪肠道微生物主要来自母猪阴道、粪便以及环境中的微生物,哺乳仔猪以乳酸杆菌为优势菌群,pH 维持较低水平。仔猪断奶后因胃酸分泌不足,大肠杆菌等有害菌能通过胃而入侵消化道,在大肠后段黏附在被某些饲料成分或病毒损伤的受损黏膜上,此时,若没有被充分消化吸收的营养物质进入大肠后段,就为这些有害菌定植提供了充足的养分,使之大量繁殖,甚至成为优势菌,造成肠道微生态系统失调,引起断奶仔猪腹泻。

(2)断奶仔猪饲料配方设计重点

1)断奶仔猪养分需要量

仔猪断奶阶段是猪发育最强烈、可塑性最大、饲料利用率最高、最有利于定向培育的重要阶段。仔猪断奶以后,由吃液体母乳改吃固体生干饲料,从依附母猪的生活改为完全独立生活,容易受病原微生物的感染而患病。因此,这一阶段的中心任务是保证仔猪的正常生长,减少和消除疾病的侵入,提高断奶仔猪的成活率,获得更好的日增重,为肥育猪生产奠定良好的基础。因此,必须采用优质原料进行饲料配方,供给足够的能量、蛋白质、维生素和矿物质。为了防止营养性腹泻的发生,利用理想蛋白模式和氨基酸平衡理论,一般可以将早期断乳仔猪日粮中蛋白质含量降低至 15% ~ 16%,赖氨酸水平保持在 1.65% ~ 1.80%。此外,断奶仔猪日粮中 5% 左右的粗纤维可激活后肠的蠕动功能,1% 左右的有机酸有利于养分的消化吸收和肠道健康,矿物质元素的量应限制在一定范围内。

2)断奶仔猪饲料原料的选择和处理

①碳水化合物:由于肠道淀粉酶活性不足,所以一般不在早期断奶仔猪日粮中大量使用玉米等普通能量饲料,而是选用简单的碳水化合物——乳清粉或乳糖。乳清粉除作为碳水化合物可提供能量外,还能被胃内乳酸杆菌发酵成乳酸,降低胃肠道 pH,抑制有害微生物尤其是大肠杆菌的繁殖,从而减少下痢的发生,提高肠道的健康水平。2.2 ~ 5.0 kg 早期断奶仔猪日粮中乳清粉添加量可达 15% ~ 30%,5.0 ~ 11.0 kg 仔猪日粮中可达 10% ~ 20%。需要注意的是,乳清粉中盐分含量较高。乳糖价格较乳清粉便宜,早期断奶仔猪日粮中可以添加到 10% ~ 25%。

②蛋白质:蛋白质的消化率、适口性、氨基酸平衡和免疫保护是配制断奶仔猪日粮需要考虑的因素,奶粉、鱼粉、血浆蛋白粉等消化利用率高的动物性蛋白饲料可以选用。猪血浆蛋白粉免疫球蛋白含量高(22%),氨基酸含量也高,适口性好,在仔猪断奶后使用可以明显提高仔猪的免疫力,维持机体健康,但应注意血浆蛋白粉的蛋氨酸和异亮氨酸含量较低。乳清粉、脱

脂奶粉可以明显改善仔猪料的适口性和诱食效果,在仔猪断奶前后使用,可以减轻仔猪断奶应激。对植物性蛋白质饲料应通过降低抗原性,大豆蛋白粉、发酵豆粕和大豆浓缩蛋白采用一定的生产工艺,消除日粮抗营养因子,在仔猪断奶后替代部分豆粕,可以较好地发挥生产潜能,减轻抗营养因子对肠道黏膜系统的影响。近年来,研究发现谷氨酰胺缺乏与仔猪肠萎缩密切相关,是断奶仔猪的一种条件性必需氨基酸。另外,肠黏膜蛋白粉、小麦谷蛋白粉、喷雾干燥蛋粉、小肽饲料、酶解发酵蛋白饲料等都是断奶仔猪饲料原料研究的热点。

③油脂:在断奶仔猪日粮中添加脂肪可以提高饲料能量水平,也有利于饲料制粒成型,通常在乳制品比例较高的日粮中,添加5%~6%的油脂,才能达到满意的制粒效果。但是在断奶2周内,仔猪胰脂肪酶分泌不足,仅为断奶前的30%~60%,消化脂肪能力不足,若在断奶2周内的仔猪日粮中添加脂肪,不但无益反而可能有害。不同来源的脂肪消化率不同,现已公认植物油较动物脂肪消化率高,椰子油最优,豆油、玉米油、猪油次之,而牛羊油最差,主要是由组成脂肪的脂肪酸碳链长度、饱和程度、饱和脂肪酸和不饱和脂肪酸比例、脂肪熔点等决定的。

④矿物质:近年来,对早期断奶仔猪矿物质的需要量的研究主要集中于三种微量元素,即铜、锌、铬。日粮中使用高铜已有较长的历史,但在使用时应注意高铜和其他养分的协同和拮抗关系。高锌可明显提高断奶仔猪短期生产性能,降低腹泻率,但在断奶数周后,高锌将失去作用,因为高锌的作用机理是抑制肠道有害细菌的生长及延长食物在消化道停留的时间,断奶数周后,仔猪自身消化功能已经完善,消化道微生态菌群也已经平衡。锌的最有效形式是蛋氨酸螯合锌、氧化锌及硫酸锌。

⑤酶制剂:仔猪断奶前后营养源截然不同,消化酶谱差异较大,淀粉酶、胃蛋白酶活性明显不足,加之断奶应激对消化酶活性增长有抑制作用,因此应考虑在饲粮中加入外源酶制剂以补充内源酶的不足。添加酶制剂不仅可以提高饲料养分消化率,而且减少养分进入大肠发酵的机会,从而减少腹泻。目前一般使用复合酶制剂,选择时一定要以仔猪肠道需要为依据。复合酶主要含淀粉酶、脂肪酶、蛋白酶、NSP酶、纤维素酶。

⑥酸化剂:酸化剂可弥补仔猪胃酸分泌不足,诱导刺激胃、肠盐酸及消化酶的分泌,并可抑制大肠杆菌的繁殖,促进乳酸杆菌的增殖。此外,酸化剂还能直接供能,具有反馈性抑制胃肠道排空速度及促进矿物质吸收等作用。目前,在仔猪生产中常用的有机酸主要有柠檬酸、延胡索酸、乳酸、丙酸、丁酸等盐类,都具有很好的热稳定性和金属离子的配位性。但酸制剂的作用效果受多种因素影响,一般在仔猪体重30 kg以前添加效果明显,而30 kg以后效果逐渐减弱,在限食猪日粮中添加效果也优于自由采食猪。

4. 操作步骤

现以用优质玉米、膨化玉米、膨化豆粕(粗蛋白≥46%)、膨化大豆、乳清粉、蔗糖、优质鱼粉、豆油、磷酸二氢钙、石粉、食盐、70%L-赖氨酸硫酸盐、98%DL-蛋氨酸、98%苏氨酸、98%色氨酸和2.0%断奶仔猪专用预混料等仔猪原料为例，说明计算优化断奶仔猪饲料配方的步骤。

（1）依据断奶仔猪的生理特征，确定该阶段仔猪饲料配方设计的营养需要

对于规范地引进猪种的养殖场，营养水平倾向于与种猪源公司的营养推荐量保持一致，瘦肉型猪倾向采用NRC标准；散户或小型养殖场，营养水平介于中国猪营养需要标准（2020）与NRC（2012）标准之间。综合各方面的因素，保前料的水平以CP18.5%～19.0%、ME14.02～14.23（MJ/kg）、SID-Lys 1.25%～1.35%为宜，保后料以CP17.5%～18.5%、ME13.81～14.23（MJ/kg）、SID-Lys 1.15%～1.25%为宜。

（2）确定在配方中将要使用的特种原料种类、限制用量及其要求

选用消化利用率高、低蛋白、高能量的能量原料，限定豆粕的用量在16%以下，添加一定量膨化大豆、发酵豆粕、大豆蛋白粉等易消化植物蛋白，补加5%～10%的优质鱼粉、奶粉（乳清粉）、血浆蛋白粉等，补充2%～3%的优质油脂如椰子油、豆油、鱼油，增加易吸收的单糖或双糖、低聚多糖等；使用磷酸二氢钙，并限制石粉用量等；使用断奶仔猪专用复合预混料：含有机微量元素、仔猪专用多维、复合有机酸、仔猪专用酶制剂、微生态制剂、抑菌抗痢药物等。确定断奶仔猪主要饲料原料的营养成分及其用量限定。具体如图6-1所示。

Microsoft Excel - 断奶仔猪饲料配方规划求解表

饲料原料主要营养成分及其用量限定表（依据饲料原料营养数据库和检测综合确定）

原料	用量限定 %	DE(Kcal/kg)	CP（%）	Ca(%)	AP（%）	Na（%）	Cl（%）	Lys(%)	Met(%)	Met+Cys(%)	Thr(%)	Trp(%)
玉米（一级）	40-60	3410.00	8.50	0.02	0.11	0.01	0.04	0.24	0.18	0.38	0.30	0.07
膨化玉米	20-30	3450.00	8.80	0.02	0.11	0.01	0.04	0.24	0.18	0.38	0.30	0.07
膨化豆粕	0-16.0	3650.00	46.00	0.34	0.19	0.01	0.05	2.80	0.65	1.35	1.76	0.62
膨化大豆	0-17.0	4100.00	36.00	0.39	0.35	0.04	0.04	2.23	0.55	1.20	1.37	0.45
发酵豆粕	3.0-10.0	3600.00	50.00	0.60	0.17	0.04	0.06	3.10	0.70	1.45	1.95	0.65
鱼粉（一级）	2.0-5.0	3150.00	65.00	3.81	2.83	0.88	0.60	5.30	1.72	2.29	2.87	0.77
低蛋白乳清粉	3.0-10.0	3440.00	2.50	0.87	0.79	2.11	0.14	1.10	0.20	0.50	0.80	0.20
豆油	2.0-3.0	8370.00										
蔗糖	2.0-4.0	3800.00										
70%赖氨酸硫酸盐	0-1.0							53.00				
98%苏氨酸	0-1.0										98.00	
98%蛋氨酸	0-1.0	-	-					-	98.00	98.00		
98%色氨酸	0-1.0											98.00
磷酸二氢钙	0-0.8	-	-	16.00	23.00			-	-			
石粉	0-0.6			38.00								
盐	0.3-0.5					38.00	57.00					
2%仔猪预混料	2.00											

饲料原料营养成分表 / 饲料配方求解结果表

图6-1　断奶仔猪主要饲料原料的营养成分及其用量限定表

（3）计算出配方

在饲料原料营养成分和原料用量限制的基础上，参考国内外断奶仔猪营养需要确定其饲料营养需要标准，确定各种饲料原料价格，应用Excel规划求解法计算出断奶仔猪饲料配方，具体见图6-2。

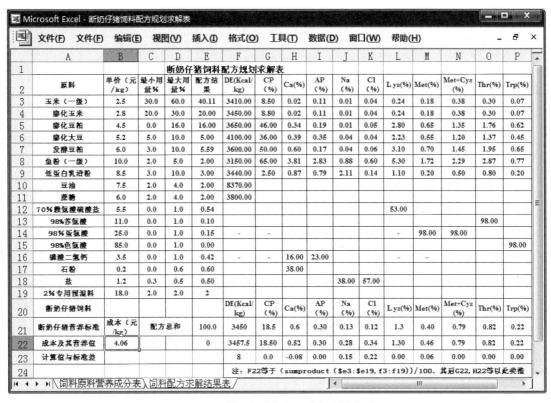

图6-2　断奶仔猪饲料配方规划求解表

5. 结果审定及配方改进

根据营养计算差值、原料特点及断奶仔猪配方要求,将磷酸二氢钙含量增加0.2%,相应盐含量降低0.1%,玉米含量降低0.1%,由此修订的饲料配方更符合实际应用。从结果报告中可以看出,优化的断奶仔猪料最低配方成本为4.06元/kg。列出所设计断奶仔猪饲料配方,具体见表6-1。

表6-1　断奶仔猪料配方　　　　　　　　　　　　　　　　单位:%

饲料原料	玉米	膨化玉米	膨化豆粕	膨化大豆	发酵豆粕	优质鱼粉	乳清粉	大豆油
配合比例	40.0	20.0	16.0	5.0	5.6	2.0	3.0	2.0
饲料原料	蔗糖	70%赖氨酸硫酸盐	98%苏氨酸	98%蛋氨酸	磷酸二氢钙	石粉	盐	仔猪预混料
配合比例	2.0	0.54	0.10	0.15	0.60	0.60	0.40	2.0

四、拓展提高

(1)如何确定不同品种和杂交商品猪的营养需要量?

(2)如何进行小猪的饲料配方设计?

(3)如何进行中猪的饲料配方设计?

(4)如何进行大猪的饲料配方设计？

(5)如何进行调控肉质和延长鲜猪肉货架期的猪饲料配方设计？

五、评价考核

学生提交报告,教师可从以下5个方面综合评价,给出学生考核成绩。

(1)所选动物营养指标的合理性；

(2)配方所选原料的合理性；

(3)选择配方设计方法的正确性；

(4)配方设计步骤的完整性；

(5)标示出配方结果和配方说明的准确性。

(编写者:兰云贤、曾有权)

实训 7

母猪饲料的配方设计

母猪是养猪场的核心猪群,其生产性能影响到整个猪场的生产水平和经济效益。母猪的饲养阶段应分为配种前、妊娠早期(配种—妊娠 30 d)、妊娠中前期(妊娠 31 d—妊娠 75 d)、妊娠中后期(妊娠 76 d—妊娠 95 d)、妊娠末期(妊娠 96 d—妊娠 110 d)、分娩前后(分娩前 5 d—分娩后 5 d)和哺乳期(分娩 6d—断奶)等 7 个阶段,每个阶段应注重饲养管理目标及饲料的饲喂方法。种猪繁殖周期及各繁殖阶段之间相互关联、相互影响,在充分考虑母猪自身营养需要、繁殖阶段、繁殖周期、母猪体况、胎次、季节等因素影响的情况下,提供合理的营养供给,既要保证母猪短期繁殖成绩,充分挖掘母猪长期的繁殖性能,延长母猪繁殖寿命,又要保证母猪保持较高的生产水平,有效降低饲养成本,减少环境污染。

一、项目导入

中国规模化猪场母猪年提供的断奶仔猪数(PSY)及产肉量比欧美发达国家的相应指标低 30% ~ 40%,原因在于品种选育、营养与饲养管理、疾病防控等各环节的不足。妊娠母猪的受胎率、早期胚胎存活率、胎儿的生长发育受到营养及饲养管理的显著影响,是决定母猪繁殖效率的关键因素。

二、实训任务

根据当地的饲料资源,自选饲料原料,设计一哺乳母猪饲料配方。

三、实训方案

1. 材料准备

中国猪营养需要标准、NRC 的猪营养需要标准,装有 Excel 的 Office 软件或饲料配方软件的电脑。

2. 后备母猪营养关键技术

后备母猪指的是从断奶后选留至配种前的母猪,其营养关键技术是及时启动初情期、促进卵泡发育及调节初配时体况。

母猪的初情期指母猪初次出现发情和排卵的时期。初情期及时启动不仅可增加后备母猪发情率,还能有效地减少后备培育期的生产成本,一般在母猪6～7月龄、100～109 kg体重和11～14 mm背膘厚时启动初情期,初情期启动是后备母猪饲养和管理方案的重要参数;卵泡发育决定着母猪的排卵率,并且其卵母细胞质量对随后早期胚胎的存活,甚至仔猪终身的健康等具有重要意义;初配时适宜体况不仅影响未成熟繁殖期母猪的繁殖性能,还因母猪不同繁殖周期和不同繁殖阶段的"延续效应",对其终生繁殖成绩具有重大影响。初次配种时的培育目标如下:日龄220～230 d,体重130～140 kg,背膘厚16～20 mm,以及在第2次或第3次发情后再配种。

营养调控策略:保持适当的营养水平以获得发育良好、体格健壮和有高度种用价值的种母猪,为猪场母猪群更新及持续发展奠定基础。后备母猪的日粮营养水平应根据品种及体重阶段参照不同的饲养标准,结合实际状况合理配制。如我国地方猪后备母猪的营养需要(体重10～90 kg)为消化能(1.26～1.21)×10⁴ kJ/kg,粗蛋白质16%～13%,总钙0.60%,总磷0.5%;国外瘦肉型后备母猪的营养需要(NRC 2012,体重50～135 kg)为消化能1.42×10⁴ kJ/kg,总氮18%～14%,总钙0.61%～0.4%,总磷0.53%～0.45%,有效磷0.28%～0.23%。20～50 kg的母猪,让猪只自由采食,饲喂高蛋白、高钙日粮;50～100 kg的母猪,要适当控制生长速度,适当添加纤维,平均日增重(ADG)以650 g为宜;100～140 kg的母猪,要进行体况调节和催情补饲,此阶段可添加油脂CLA(共轭亚麻油酸)。有条件的猪场可适当饲喂些优质青绿饲料。

3. 妊娠母猪营养关键技术

母猪妊娠期的营养目标是减少胚胎损失、调整母猪体况和提高初生仔猪的健康状况。生产上,妊娠母猪的理想饲养目标是,分娩12头健康仔猪,初生重不低于1.35 kg,保证母体背膘原20～22 mm,具有良好的体况进入泌乳阶段。

妊娠早期的饲养管理目标是提高受精卵的存活率。母猪从排卵到仔猪出生阶段平均损失胚胎10只,占整体损失的80%,已受胎的经产母猪从配种到妊娠25 d,30%～45%的受精卵会死亡(空胎吸收、早期流产)。妊娠早期饲喂过多的饲料会增加胚胎的死亡率,配种后过多的能量摄取将增加体内胰岛素的含量从而降低子宫内能量的利用,并且会降低血中黄体酮的浓度。妊娠早期需要特别注意母猪的应激因素,从配种到妊娠30 d时母猪需要绝对的安静和细心的管理,尽量减少转群,要用单体栏,并维持舒适的环境。高温应激对妊娠早期受胎率的影响最严重,因此夏季应有效降低妊娠舍的温度。

妊娠中前期的饲养管理目标是调整母猪的体型,因此饲料饲喂重点应放在母猪体型的调整上。母猪的体型状态对维持妊娠及下一个胎次的繁殖成绩起重要作用。为有效管理母猪体型,可以采用背膘测定和体况评分(BCS)等方法。母猪分娩时正常BCS为3.5,分娩后4～5 d BCS接近3.0,BCS在2.0以下会直接影响下一个胎次的繁殖成绩。

妊娠中后期的饲养管理目标是促进乳腺细胞的发育。如果母猪过肥会抑制乳腺发育,导致哺乳期泌乳量的减少,降低哺乳仔猪的发育,加大哺乳期母猪体损失,妊娠中期若过肥,不仅浪费饲料而导致经济损失,而且会增加胚胎死亡率,影响哺乳期采食量。

妊娠末期的饲养管理目标是促进胎儿体重的极大化,胎儿体重的2/3会在此阶段生长,因此要充分提供胎儿生长所需的营养成分。

在具体实际操作中,一般不改变妊娠期饲料配方,通过控制采食量以达到不同时期的营养需求。妊娠期日粮营养水平一般为粗蛋白12%~13%,消化能为$(4.9~5.2)×10^4$ kJ/kg,赖氨酸为0.4%~0.5%,钙为0.6%,磷为0.5%。妊娠前期采食量为1.5~2.0 kg,妊娠中期以母猪体况可饲喂1.8~2.5 kg,妊娠后期胎儿发育迅速,同时又要为哺乳期蓄积养分,母猪营养需要量大,可以饲喂2.5~3.0 kg,产前5~7 d要逐渐减少喂料量,直到产仔当天停喂。

要保证母猪饲料质量,不可用发霉、变质、冰冻、有毒和强烈刺激性的饲料,否则易引起流产、死胎和弱胎,添加适量的鱼粉、血粉、豆饼、骨粉、石粉、贝壳粉等,满足其对蛋白质、矿物质、维生素等的需要。

4. 泌乳母猪饲料配方设计的特点

泌乳期的饲喂目标是尽量地提高母猪的泌乳量和乳品质以便窝增重最大,使母猪泌乳期失重最小,尽可能地缩短断奶-发情间隔,提高下一繁殖周期的排卵数,其关键环节是最大限度地提高泌乳期采食量。

通常情况下,产奶高峰和采食量成正比,若因管理不当而饲喂量未能达到泌乳所需量时,母猪会急剧消瘦,背膘厚度快速下降,乳汁内乳脂肪发生变化,最终导致仔猪腹泻。通常哺乳母猪饲喂量是在每天2 kg饲料的基础上,每增加一头仔猪就要增加0.5 kg饲料,如母猪哺乳仔猪10头,则哺乳母猪每天要饲喂7 kg饲料。因为在泌乳期维持泌乳量的营养需要量很大,所以泌乳期的蛋白质/氨基酸摄入量对泌乳性能极为关键,提高母猪日粮蛋白质水平可改善其繁殖性能。提高初产母猪泌乳期能量水平有提高下一胎排卵率的作用,且不影响胚胎成活率。泌乳期能量摄入对整个泌乳后期及断奶发情间隔期的黄体生成素(LH)分泌及胰岛素、葡萄糖水平都有影响。

日粮中粗蛋白质含量可配到18%,应选用优质豆粕、进口鱼粉或膨化大豆等蛋白质原料。泌乳量不仅与日粮中蛋白质水平有关,也与能量水平有关,若能量不足,母猪泌乳能力会下降,在夏季热应激条件下更是如此。哺乳母猪日粮中可添加适量脂肪以提高能量水平,脂肪添加量以2%~4%为宜。赖氨酸是哺乳母猪的第一限制性氨基酸,缬氨酸被认为是继赖氨酸和苏氨酸之后哺乳母猪的第三限制性氨基酸。在血浆中,支链氨基酸占总必需氨基酸的40%,当长时间运动或饥饿等情况下,支链氨基酸可以作为骨骼肌的能量来源,同时还用于乳腺维持和乳汁合成。NRC(2012)中推荐的赖氨酸与缬氨酸的比例已提高到了100:87。精氨酸、谷氨酸是猪条件性必需氨基酸,在特殊时期如应激、受伤、哺乳、营养不平衡等情况下,日粮中添加精氨酸、谷氨酸是提高哺乳母猪及仔猪生产性能的有效措施。矿物质中钙、磷水平应适当高些,日粮中铜含量不宜过高。VA、VB_{12}、VD、VE等维生素均可改善母猪繁殖性能和仔猪生长性能,应重点考虑。多不饱和脂肪酸可以促进VE吸收,硒与VE具有协同作用。

泌乳母猪饲料配方应充分考虑泌乳的需要,原料除了优选大宗原料玉米、豆粕、鱼粉外,可添加3%~5%的优质大豆磷脂,其中富含卵磷脂和脑磷脂,VE和能值高,能改善饲料品质和母猪的泌乳性能。膨化大豆是母猪的上佳饲料原料,可添加5%~12%。高亚油酸脂肪粉含亚油酸高达25%,可添加3%~5%。喷雾干燥血球蛋白粉代谢能值高,因其粗蛋白质和赖氨酸含量高,支链氨基酸特别是缬氨酸含量也很高,添加1.5%左右能有效提升泌乳量,缓解高产母猪的缺铁状态,还可改善对下一胎的繁殖性能。优质苜蓿草、苹果渣、枣粉等含有丰富的维生素和可溶性纤维,也是泌乳母猪的好原料,添加8%~10%后,具有改善适口性、提高采食量、预防便秘、促进泌乳力等功效。

哺乳母猪由于日粮精料比例大、营养浓度高、妊娠期日粮中粗纤维含量不合理,以及母猪分娩前采食量过多、长期缺乏运动、夏季高温热应激等原因易导致便秘的发生,引起哺乳母猪采食量、泌乳量下降,甚至可能继发子宫炎、乳腺炎等问题,严重影响哺乳母猪繁殖性能。防止哺乳母猪便秘的营养调控策略主要有:①选择高品质饲料原料,按母猪营养需求合理设计日粮配方。②妊娠期及哺乳期日粮中注意添加粗纤维。③产前减少饲喂量,产后喂些麸皮等增强肠道蠕动的粗纤维饲料。④适当饲喂些青绿多汁饲料,补充粗纤维和天然维生素,但在泌乳高峰期注意使用。⑤在哺乳母猪日粮中适量添加导泻药(如硫酸钠和硫酸镁),可以提高哺乳母猪泌乳量,改善粪便评分,同时有利于仔猪的生长性能。可添加微生态制剂,以改善肠道内环境,减少肠道内异常发酵。

四、完成方案的步骤

现以妊娠前期妊娠母猪饲料的配方为例说明配方的基本步骤。选用优质玉米、米糠(粗蛋白≥12.8%)、麦麸、豆粕(粗蛋白≥43%)、磷酸氢钙、石粉、食盐、植酸酶、1.0%妊娠母猪预混料等原料,优化设计妊娠母猪前期饲料配方。

1. 总体思路

选用霉菌毒素极低的优质的能量原料;确保母猪粗蛋白质≥15.0%,粗纤维≥6.0%;限定菜籽粕、棉粕等杂粕用量;添加优质植酸酶,提高原料中磷的利用率,确保钙磷满足与平衡;使用妊娠母猪专用预混料,其中含有有机微量元素、硫酸镁或氯化钾、强化复合多维(如增加维生素E及生物素添加量)、复合酶制剂、微生态制剂。

2. 确定妊娠母猪主要饲料原料的营养成分值及其用量限定

依据妊娠期母猪营养需要确定其饲料营养需要标准,确定同期饲料原料的市场价格,将所有数据一起填入Excel表中,并在相应栏中输入计算公式。应用Excel规划求解法计算,妊娠90日龄以内的母猪饲料的配方结果如图7-1所示。

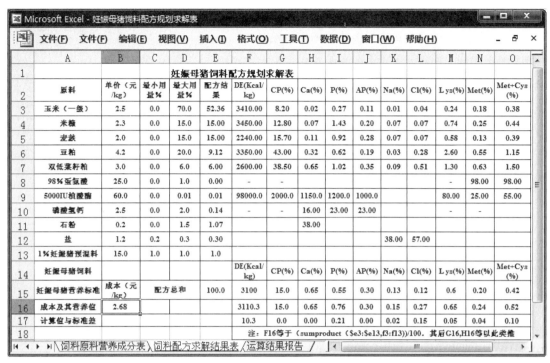

图7-1 妊娠90日龄以内母猪饲料配方规划求解表

3. 结果修订

根据设定营养值与实际配方营养值的差异,适当将磷酸氢钙修订为0.2%、石粉修订为1.0%,其他优化的配方结果营养值满足设定的营养标准。从上表结果报告中可以看出,优化的90日龄以内妊娠母猪饲料最低配方成本为2.68元/kg。列出所设计妊娠母猪饲料配方,具体见表7-1。

表7-1　妊娠90日龄以内母猪饲料配方　　　　　　　　　　　　　　单位:%

饲料原料	玉米	米糠	麦麸	豆粕	菜籽粕	磷酸氢钙	石粉	盐	植酸酶	1%妊娠猪预混料
配合比例	52.35	15.0	15.0	9.12	6.0	0.20	1.0	0.43	0.01	1.0

五、拓展提高

(1)如何确定不同品种和杂交种母猪的营养需要量?

(2)如何进行后备母猪饲料配方设计?

(3)如何进行初产泌乳母猪饲料配方设计?

(4)如何进行经产泌乳母猪饲料配方设计?

(5)妊娠前期料和后期料的差异是什么?

（6）如何进行热应激条件下母猪料的配方设计？

（7）如何进行热应激条件下公猪料的配方设计？

六、评价考核

学生提交报告，教师可从以下5个方面综合评价，给出学生考核成绩。

（1）所选动物营养指标的合理性；

（2）配方所选原料的合理性；

（3）选择配方设计方法的正确性；

（4）配方设计步骤的完整性；

（5）标示出配方结果和配方说明的准确性。

（编写者：兰云贤）

实训 8

产蛋鸡饲料的配方设计

国际上主要蛋鸡品种已形成多个品牌,每个品牌下又细分为多个系列,包括褐壳、粉壳、白壳等,以适应不同地区市场客户的多样化需求。国际上主要消费褐壳和白壳鸡蛋(其比例约为6∶4)。美国以消费白壳鸡蛋为主(约90%);中国消费更加多元化,其中包括褐壳55%、粉壳43%、白壳1%和绿壳1%。截至2020年底,我国自主培育的通过国家畜禽遗传资源委员会审定的蛋鸡新品种或配套系共有23个。其中,高产蛋鸡品种有13个,绝大多数72周龄产蛋数超过310个,生产性能达到或接近国外同类品种水平,适合我国饲养环境,推广量较大;地方特色蛋鸡品种有10个,都是在我国地方鸡资源基础上培育而成的,生产性能差异较大。72周龄产蛋数220~280个,虽然产蛋数相对较低,但蛋品质较好,蛋黄比例大,蛋白黏稠,蛋壳光泽好,蛋重适中,更符合我国居民传统消费习惯和多元化市场消费需求。国产品种的市场占有率达到50%,其中高产品种80%,地方特色蛋鸡占比20%。

蛋鸡饲养周期长,不同品种和不同生长发育阶段的营养需求量存在很大差异。实际生产中,应充分了解蛋鸡各阶段的营养需求特点,结合不同的环境对蛋鸡的营养需要进行动态化调整,以达到提高生产能力、降低饲料成本、提升经济效益的目的。

一、项目导入

蛋鸡按生产用途和生长发育阶段可分为育雏期(0~6周)、生长育成期(7~16周)和产蛋期。育雏期主要以加速肌肉和骨骼快速发育为目的,日粮配方应适当提高氨基酸、维生素和微量元素水平。育成期蛋鸡各组织和器官发育日趋完善,应以增强蛋鸡的骨骼、肌肉和内脏发育为目的,须严格控制采食量(一般为自由采食量的70%~80%),避免体内脂肪沉积过多,保证蛋鸡健康生长发育。产蛋期分为产蛋早期、产蛋高峰期和产蛋末期3个阶段,应保证日粮钙、磷充足,适当增加维生素和微量元素添加量。炎热季节可适当添加油脂,增加蛋鸡能量摄入量,抵抗热应激。

二、实训任务

任务1:试设计蛋鸡生长期饲料配方。

任务2:试设计蛋鸡预产期的饲料配方。

任务3:试设计开产后蛋鸡饲料配方。

三、实训方案

1. 材料准备

（1）Commercial Poultry Nutrtion（3rd edition，Leeson and Summers）；（2）NRC 蛋鸡饲养标准；（3）《产蛋鸡和肉鸡配合饲料》（GB/T 5916—2020）；（3）海兰褐蛋鸡饲养管理手册；（4）罗曼褐蛋鸡饲养管理手册；（5）中国饲料成分及营养价值表；（6）常用饲料原料最新价格；（7）计算机、Excel软件或配方软件。

2. 注意事项

在保证满足各生长阶段蛋鸡营养需要和确保产蛋率的前提下，设计饲料配方要考虑饲养成本，科学、合理运用各类原料及杜绝使用《饲料添加剂安全使用规范》和《饲料药物添加剂使用规范》等文件中明令禁止使用的各种违禁药物和饲料添加剂。

3. 蛋鸡生长期饲料配方的设计步骤

（1）生长期蛋鸡营养需要量的确定

不同品系蛋鸡营养需要不同，日粮营养水平会出现10%～15%的差异。以白壳蛋鸡为例，从表8-1可以看出，各品系在生长期大多数氨基酸的需要量差异较小，但体重最小的罗曼褐蛋鸡的赖氨酸、苏氨酸和色氨酸需要量比较高。

表8-1　白壳蛋鸡生长期营养需要量　　　　　　单位:%

营养成分	谢弗（6～12周龄）	海兰36（6～8周龄）	海兰98（6～8周龄）	罗曼褐（6～8周龄）	宝万（6～10周龄）
粗蛋白质	17.5	18.0	18.0	19.0	18.0
代谢能（MJ/kg）	11.72	12.66	12.38	11.72	12.43
钙	0.95	1.00	1.00	1.03	1.00
有效磷	0.47	0.47	0.48	0.46	0.48
钠	0.16	0.18	0.18	0.16	0.17
赖氨酸	0.86	0.90	0.90	1.03	1.00
蛋氨酸	0.38	0.44	0.44	0.39	0.40
蛋氨酸+胱氨酸	0.66	0.73	0.73	0.69	0.72
苏氨酸	0.62	0.70	0.70	0.72	0.70
色氨酸	0.18	0.18	0.18	0.22	0.19

资料来源：Leeson and Summers，2010.

各品系商品蛋鸡的维生素和矿物元素需要量差异很大（表8-2）。有些情况下，种鸡公司对某种维生素没有给出推荐量（如硫胺素和吡哆醇在海兰白壳蛋鸡中），也许意味着饲料原料可为该品系提供足够水平的营养素；而对某种维生素（如维生素E）的推荐量差异却达6倍。

表8-2　白壳蛋鸡维生素和微量元素需要量

营养成分	谢弗	海兰36/海兰98	罗曼	宝万
维生素A/IU	12 000	8 000	12 000	8 000
维生素D₃/IU	2 500	3 300	2 000	2 500
维生素E/IU	30	66	20	10
维生素K/IU	3.0	5.5	3.0	3.0
硫胺素/mg	2.5	0	1.0	1.0
核黄素/mg	7.0	4.4	4.0	5.0
吡哆醇/mg	5	0	3	2
泛酸/mg	12.0	5.5	8.0	7.5
叶酸/mg	1.00	0.22	1.00	0.50
生物素/μg	200	55	50	100
胆碱/mg	1 000	275	200	300
维生素B₁₂/μg	30.0	8.8	15.0	12.0
烟酸/mg	40	28	30	30
锰/mg	66	66	100	70
铁/mg	80	33	25	35
铜/mg	10.0	4.4	5.0	7.0
锌/mg	70	66	60	70
碘/mg	0.4	0.9	0	1.0
硒/mg	0.30	0.30	0.20	0.25

资料来源：Leeson and Summers，2010.

（2）蛋鸡生长期饲料配方设计的技巧

青年鸡（7~11周龄）和育成鸡（12~18周龄）生长发育迅速，各器官发育已完全，对外界适应能力增强，采食量增多，应饲喂可增强骨骼、肌肉、内脏发育的饲料，为延长成年鸡的产蛋时间和提高产蛋率打下良好基础。纤维素具有增加鸡进食量的作用，为促进鸡群的进食量，育成鸡饲料中应含有3%以上的纤维素。在设计饲料配方时，棉籽饼、菜籽饼、亚麻饼等原料，一般在蛋用青年鸡饲料配方中可用到6%，羽毛粉、皮革粉等不易消化的原料可用到3%，麸皮、粗饲料如酒糟等大体积饲料原料一般可根据需要用到最大量，用石粉做钙源而不用贝壳粉，但维生素和微量元素用量一般要按照标准设计。

（3）蛋鸡生长期饲料配方实例

用玉米、小麦或高粱加（或不加）肉粉等的蛋鸡生长期日粮配方实例如表8-3所示。

表8-3　蛋鸡生长期日粮配方实例

原料或营养水平		配方1	配方2	配方3	配方4	配方5	配方6
原料/(kg/t)	玉米	550	555	—	—	—	—
	小麦	—	—	620	590	—	—
	高粱	—	—	—	—	568	558

续表

原料或营养水平			配方1	配方2	配方3	配方4	配方5	配方6
原料/(kg/t)		小麦	150	165	150	160	150	150
		肉粉	—	50	—	20	—	20
		豆粕	256	200	188	180	238	234
		大豆油	10.0	10.5	10.0	23.5	10.0	10.0
		DL-蛋氨酸	1.2	1.3	1.3	1.3	1.7	1.6
		NaCl	3.3	2.7	2.7	2.5	3.4	3.2
		石粉	17.3	12.5	18	15.6	17.9	15.4
		磷酸氢钙	11.2	2.0	9.0	6.1	10.0	6.8
		维生素-矿物质预混料	1	1	1	1	1	1
		总计	1000	1000	1000	1000	1000	1000
营养水平/%		粗蛋白	19.00	19.00	19.40	19.50	18.90	19.50
		代谢能(MJ/kg)	12.26	12.26	12.13	12.26	12.26	12.26
		钙	0.97	0.97	0.97	0.97	0.97	0.97
		有效磷	0.43	0.43	0.42	0.43	0.42	0.43
		钠	0.18	0.18	0.18	0.18	0.18	0.18
		蛋氨酸	0.43	0.45	0.42	0.42	0.42	0.42
		蛋氨酸+胱氨酸	0.72	0.72	0.73	0.72	0.75	0.76
		赖氨酸	1.00	1.00	1.00	1.00	1.00	1.10
		苏氨酸	0.80	0.78	0.70	0.70	0.72	0.74
		色氨酸	0.26	0.25	0.29	0.28	0.25	0.26

资料来源:Leeson and Summers,2010.

4. 蛋鸡预产期饲料配方的设计

(1)蛋鸡预产期营养需要量的确定

自16周到产蛋率达到5%,为黄鸡的开产期或预产期。以白壳蛋鸡为例,预产期的营养需要量见表8-4。从表中可见,不同品系蛋鸡预产期需要量差异较大。

8-4 白壳蛋鸡预产期营养需要量

营养成分	海兰36 (15～19周龄)	海兰98 (16～18周龄)	罗曼 (16～18周龄)	宝万 (15～17周龄)
代谢能/(MJ/kg)	15.5	15.5	18.0	15.0
粗蛋白质/%	12.72	12.30	11.72	12.26
钙/%	2.75	2.75	2.05	2.25
有效磷/%	0.40	0.45	0.46	0.45
钠/%	0.18	0.18	0.16	0.18
蛋氨酸/%	0.36	0.36	0.37	0.36
蛋氨酸+胱氨酸/%	0.60	0.60	0.70	0.63
赖氨酸/%	0.75	0.75	0.87	0.80

营养成分	海兰36 （15～19周龄）	海兰98 （16～18周龄）	罗曼 （16～18周龄）	宝万 （15～17周龄）
代谢能/(MJ/kg)	15.5	15.5	18.0	15.0
苏氨酸/%	0.55	0.55	0.62	0.55
色氨酸/%	0.15	0.15	0.21	0.16

资料来源：Leeson and Summers，2010.

（2）蛋鸡预产期饲料配方设计的技巧

研究表明，能量摄入量与第一枚蛋蛋重的关系比蛋白质的摄入量更加重要。因此，预产期到产蛋高峰期这段时间的能量摄入量，对产蛋鸡一生至关重要。在产蛋初期日粮中添加1.5%～2.0%的脂肪不仅能提高日粮能量水平，而且能改善日粮适口性，提高采食量。

（3）蛋鸡预产期的配方实例

用玉米、小麦或高粱加（或不加）肉粉等的蛋鸡预产期的日粮配方实例如表8-5所示。

表8-5　预产期日粮配方实例

原料或营养水平		配方1	配方2	配方3	配方4	配方5	配方6
原料/(kg/t)	玉米	527	481	—	—	—	—
	小麦	—	—	615	629	—	—
	高粱	—	—	—	—	574	593
	次粉	227	306	180	180	180	180
	肉粉	—	50	—	34	—	60
	豆粕	168	100	122	90	167	105
	大豆油	10.0	10.0	16.7	11.0	11.0	10.0
	DL-蛋氨酸	1.4	1.6	1.4	1.4	1.6	1.5
	NaCl	3.0	2.4	2.5	2.0	3.2	2.7
	石粉	51.6	46.6	51.5	48.2	51.3	46.8
	磷酸氢钙	11.0	1.4	9.9	3.4	10.9	—
	维生素-矿物质预混料	1	1	1	1	1	1
	总计	1000	1000	1000	1000	1000	1000
营养水平/%	粗蛋白	16.0	16.0	16.6	17.0	16.0	16.2
	代谢能(MJ/kg)	11.92	11.92	11.92	11.92	11.92	12.13
	钙	2.25	2.25	2.25	2.25	2.25	2.30
	有效磷	0.42	0.42	0.42	0.42	0.42	0.42
	钠	0.17	0.17	0.17	0.17	0.17	0.17
	蛋氨酸	0.41	0.42	0.38	0.39	0.37	0.37
	蛋氨酸+胱氨酸	0.64	0.64	0.64	0.64	0.66	0.65
	赖氨酸	0.78	0.78	0.81	0.84	0.82	0.84
	苏氨酸	0.66	0.63	0.58	0.58	0.60	0.58
	色氨酸	0.22	0.20	0.25	0.24	0.21	0.20

资料来源：Leeson and Summers，2010.

5. 开产后蛋鸡饲料配方的设计

(1)开产后蛋鸡营养需要量的确定

设计蛋鸡开产后日粮配方时,应以蛋鸡类型、不同产蛋阶段的产蛋率、蛋重和产蛋量等变化规律为理论基础,通过合理使用各种饲料原料,为蛋鸡提供数量和比例都能满足其对各种营养素的需要。开产后蛋鸡以周龄和采食量为基础的饲养标准见表8-6。

表8-6　开产后蛋鸡饲养标准

单位:%

营养成分	18~32周采食量		32~45周采食量		45~60周采食量		60~70周采食量	
	90 g/d	95 g/d	95 g/d	100 g/d	100 g/d	105 g/d	100 g/d	110 g/d
粗蛋白	20.0	19.0	19.0	18.0	17.5	16.5	16.0	15.0
代谢能 MJ/kg	12.13	12.13	12.03	12.03	11.92	11.92	11.72	11.72
钙	4.2	4.0	4.4	4.2	4.5	4.3	4.6	4.4
有效磷	0.50	0.48	0.43	0.40	0.38	0.36	0.33	0.31
NaCl	0.18	0.17	0.17	0.16	0.16	0.15	0.16	0.15
亚油酸	1.8	1.7	1.5	1.4	1.3	1.2	1.2	1.1
蛋氨酸	0.45	0.43	0.41	0.39	0.39	0.37	0.34	0.32
蛋氨酸+胱氨酸	0.75	0.71	0.70	0.67	0.67	0.64	0.60	0.57
赖氨酸	0.86	0.82	0.80	0.76	0.78	0.74	0.73	0.69
苏氨酸	0.69	0.66	0.64	0.61	0.60	0.57	0.55	0.52
色氨酸	0.18	0.17	0.17	0.16	0.16	0.15	0.15	0.14
精氨酸	0.88	0.84	0.82	0.78	0.77	0.73	0.74	0.70
缬氨酸	0.77	0.73	0.72	0.68	0.67	0.64	0.63	0.60
亮氨酸	0.53	0.50	0.48	0.46	0.43	0.41	0.4	0.38
异亮氨酸	0.68	0.65	0.63	0.60	0.58	0.55	0.53	0.50
组氨酸	0.17	0.16	0.15	0.14	0.13	0.12	0.12	0.11
苯丙氨酸	0.52	0.49	0.48	0.46	0.44	0.42	0.41	0.39

维生素/kg日粮	微量元素/(mg/kg日粮)		
维生素A(IU)	8000	锰	60
维生素D₃(IU)	3500	铁	30
维生素E(IU)	50	铜	5
维生素K(IU)	3	锌	50
硫胺素(mg)	2	碘	1
核黄素(mg)	5	硒	0.3
吡哆醇(mg)	3		
泛酸(mg)	10		
叶酸(mg)	1		
生物素(μg)	100		
烟酸(mg)	40		
胆碱(mg)	400		
维生素B₁₂(μg)	10		

数据来源:Lesson and Summers,2010.

（2）蛋鸡开产后饲料配方设计的技巧

蛋鸡的产蛋高峰期一般在33~35周龄,因此蛋鸡很可能在35周龄左右达到能量高峰需要量,此时的产蛋率和产蛋量都达到高峰,这时蛋鸡可通过"为能而食"调节能量摄入量。蛋鸡的采食量受消化道容积限制,日粮能量极度降低。一般认为,蛋鸡日粮能量不低于10.46 MJ/kg,则产蛋量不受影响。

（3）蛋鸡开产后饲料配方实例

表8-7、表8-8、表8-9和表8-10分别列出了蛋鸡产蛋前期、高峰期、产蛋后期和淘汰前的饲料配方实例。

表8-7　蛋鸡产蛋前期日粮配方实例（18~32周龄）

原料或营养水平		配方1	配方2	配方3	配方4	配方5	配方6
原料/(kg/t)	玉米	507	554	—	—	—	—
	小麦	—	—	517	619	—	—
	高粱	—	—	—	—	440	373
	次粉	—	—	42	—	68	184
	肉粉	—	70	—	70	—	70
	豆粕	327	245	261	171	311	214
	大豆油	45	31	60	40	60	59
	DL-蛋氨酸	1.2	1.2	1.6	1.5	1.8	1.8
	NaCl	3.6	2.6	3.0	2.0	3.6	2.6
	石粉	99.5	92.3	100.0	94.0	100.0	93.0
	磷酸氢钙	15.7	2.9	14.4	1.5	14.6	1.6
	维生素-矿物质预混料	1	1	1	1	1	1
	总计	1000	1000	1000	1000	1000	1000
营养水平/%	粗蛋白	20	20	20	20	20	20
	代谢能（MJ/kg）	12.13	12.13	12.13	12.13	12.13	12.13
	钙	4.2	4.2	4.2	4.2	4.2	4.2
	有效磷	0.5	0.5	0.5	0.5	0.5	0.5
	钠	0.18	0.18	0.18	0.18	0.18	0.18
	蛋氨酸	0.45	0.45	0.45	0.45	0.45	0.45
	蛋氨酸+胱氨酸	0.76	0.75	0.77	0.76	0.80	0.78
	赖氨酸	1.14	1.15	1.12	1.05	1.17	1.16
	苏氨酸	0.86	0.83	0.75	0.70	0.78	0.75
	色氨酸	0.28	0.26	0.30	0.28	0.28	0.26

数据来源：Lesson and Summers, 2010.

表8-8　蛋鸡产蛋高峰期日粮配方实例（32～45周龄）

原料或营养水平		配方1	配方2	配方3	配方4	配方5	配方6
原料/(kg/t)	玉米	536	581	—	—	—	—
	小麦	—	—	586	508	—	—
	高粱	—	—	—	—	419	382
	小麦	—	—	8	123	118	200
	肉粉	—	70	—	60	—	65
	豆粕	301	220	233	156	279	192
	大豆油	39.0	24.6	50.0	50.0	60.0	56.0
	DL-蛋氨酸	0.9	1.1	1.3	1.2	1.5	1.5
	NaCl	3.3	2.3	2.7	1.8	3.4	2.5
	石粉	106	100	107	99	107	100
	磷酸氢钙	12.8	—	11.0	—	11.1	—
	维生素-矿物质预混料	1	1	1	1	1	1
	总计	1000	1000	1000	1000	1000	1000
营养水平/%	粗蛋白	19	19	19	19	19	19
	代谢能(MJ/kg)	12.03	12.03	12.03	12.03	12.03	12.03
	钙	4.4	4.4	4.4	4.4	4.4	4.4
	有效磷	0.43	0.44	0.43	0.44	0.43	0.44
	钠	0.17	0.17	0.17	0.17	0.17	0.17
	蛋氨酸	0.41	0.42	0.41	0.41	0.41	0.41
	蛋氨酸+胱氨酸	0.70	0.70	0.72	0.7	0.74	0.72
	赖氨酸	1.07	1.07	1.04	1.04	1.08	1.09
	苏氨酸	0.82	0.79	0.71	0.67	0.74	0.71
	色氨酸	0.26	0.25	0.28	0.26	0.26	0.25

数据来源：Lesson and Summers, 2010.

表8-9　蛋鸡产蛋后期日粮配方实例（45～60周龄）

原料或营养水平		配方1	配方2	配方3	配方4	配方5	配方6
原料/(kg/t)	玉米	584	626	—	—	—	—
	小麦	—	—	648	571	—	—
	高粱	—	—	—	—	550	483
	小麦	—	—	—	113	35	143
	肉粉	—	60	—	50	—	55
	豆粕	261	190	187	115	248	169
	大豆油	29	14.8	40	40	40.5	40
	DL-蛋氨酸	1.0	1.2	1.3	1.5	1.5	1.5
	NaCl	3.0	2.0	2.5	1.5	3.2	2.5

原料或营养水平		配方1	配方2	配方3	配方4	配方5	配方6
原料/(kg/t)	石粉	111	105	111	107	111	105
	磷酸氢钙	10.0	—	9.2	—	9.8	—
	维生素–矿物质预混料	1	1	1	1	1	1
	总计	1000	1000	1000	1000	1000	1000
营养水平/%	粗蛋白	17.5	17.5	17.5	17.5	17.5	17.5
	代谢能(MJ/kg)	11.92	11.92	11.92	11.92	11.92	11.92
	钙	4.5	4.5	4.5	4.5	4.5	4.5
	有效磷	0.38	0.39	0.38	0.38	0.38	0.38
	钠	0.16	0.16	0.16	0.16	0.16	0.16
	蛋氨酸	0.40	0.42	0.39	0.41	0.39	0.39
	蛋氨酸+胱氨酸	0.67	0.67	0.67	0.67	0.70	0.68
	赖氨酸	0.95	0.95	0.92	0.93	0.98	0.98
	苏氨酸	0.76	0.73	0.63	0.60	0.68	0.64
	色氨酸	0.24	0.22	0.26	0.24	0.24	0.22

数据来源：Lesson and Summers, 2010.

表8-10 蛋鸡淘汰前日粮配方实例(60~70周龄)

原料或营养水平		配方1	配方2	配方3	配方4	配方5	配方6
原料/(kg/t)	玉米	638	619	—	—	—	—
	小麦	—	—	570	527	—	—
	高粱	—	—	—	—	485	467
	小麦	—	51	126	190	156	200
	肉粉	—	49	—	38	—	42
	豆粕	221	157	138	90	192	138
	大豆油	13.0	9.7	40.0	40.0	40.0	37.0
	DL-蛋氨酸	0.8	1.0	1.1	1.2	1.2	1.4
	NaCl	3.0	2.3	2.4	1.8	3.0	2.6
	石粉	115	110	115	111	115	111
	磷酸氢钙	8.2	—	6.5	—	6.8	—
	维生素–矿物质预混料	1	1	1	1	1	1
	总计	1000	1000	1000	1000	1000	1000
营养水平/%	粗蛋白	16	16	16	16	16	16
	代谢能(MJ/kg)	11.72	11.72	11.72	11.72	11.72	11.72
	钙	4.6	4.6	4.6	4.6	4.6	4.6
	有效磷	0.33	0.35	0.35	0.35	0.35	0.35
	钠	0.16	0.16	0.16	0.16	0.16	0.16
	蛋氨酸	0.36	0.37	0.35	0.36	0.34	0.34

续表

原料或营养水平		配方1	配方2	配方3	配方4	配方5	配方6
营养水平/%	蛋氨酸+胱氨酸	0.60	0.60	0.60	0.60	0.62	0.61
	赖氨酸	0.83	0.83	0.80	0.80	0.85	0.85
	苏氨酸	0.70	0.67	0.57	0.55	0.60	0.59
	色氨酸	0.22	0.20	0.24	0.23	0.21	0.20

数据来源：Lesson and Summers, 2010.

四、配方说明

（1）本章列出的日粮配方适用于各种蛋鸡日粮。

（2）使用方法及使用剂量：按需要配制1%的维生素-矿物质预混料后与配方原料拌匀后使用。

（3）本配方产品应保存在阴凉、避光、干燥之处。

五、拓展提高

（1）不同动物在不同生理状态、生产水平、加工工艺、环境温度下的维生素预混料配方的营养标准如何选择？

（2）如何进行蛋鸭饲料的配方设计？

（3）如何进行种鹅饲料的配方设计？

（4）如何进行鹌鹑饲料的配方设计？

（5）如何进行种鸽饲料的配方设计？

（6）如何进行蛋鸡产蛋后期的营养调控？

六、评价考核

学生提交报告，教师可从以下5个方面综合评价，给出学生考核成绩。

（1）所选蛋鸡营养需要的合理性；

（2）配方所选原料的合理性；

（3）选择配方设计方法的正确性；

（4）配方设计步骤的完整性；

（5）标示出配方结果和配方说明的准确性。

（编写者：张正帆）

实训 9

肉仔鸡饲料的配方设计

　　我国肉鸡主要分为白羽肉鸡和黄羽肉鸡两大类,白羽肉鸡占肉禽产品生产总量的45%～50%,黄羽肉鸡占43%～44%,其他为肉鸭、鹅等产品。白羽肉鸡是从国外引进的专用型商用配套系,主要有AA⁺、罗斯308、科宝和海波罗等,一般42～49 d上市;黄羽肉鸡主要是指引入外源基因的"仿土鸡",另有部分地方优势品种,即土鸡或称三黄鸡、草鸡、柴鸡。黄羽肉鸡主要分为快速型、中速型和慢速型三种,上市时间分别为50～60 d、60～100 d、100 d以上。集约化生产条件下,采用养分浓度高的全价日粮有利于缩短肉鸡饲养周期,降低生产成本,增加养殖效益。在一定限度内,肉鸡可通过调控采食量以达到养分平衡。

一、项目导入

　　肉仔鸡出壳重仅40～60 g,在良好的营养和饲养条件下,公母混养7周龄后体重可达1.8～3.0 kg。鸡的小肠淀粉酶及胰蛋白酶在5日龄后达到较高水平,胰脂肪酶和糜蛋白酶分别在7日龄和15日龄才达到较高水平,鸡消化道无纤维素酶,故鸡不能消化利用纤维素。鸡的饲料转化效率、生长速度及其胴体脂肪的含量与日粮能量水平呈正相关关系。

二、实训任务

　　任务1:试设计肉鸡育雏期日粮配方。

　　任务2:试设计肉鸡生长期日粮配方。

　　任务3:试设计肉鸡育成期日粮配方。

三、实训方案

1. 材料准备

　　(1)*Commercial Poultry Nutrition*(3rd edition,Leeson and Summers);(2)NRC(1994);(3)《鸡饲养标准》(NY/T 33—2004);(4)罗斯肉鸡营养需要量表;(5)爱拔益加肉鸡营养需要量表;(5)科宝肉鸡营养需要量;(6)中国饲料成分及营养价值表;(7)常用饲料原料最新价格;(8)计算机、Excel软件或配方软件。

2.注意事项

随着遗传改良,6周龄肉鸡体重每年会增加50g左右,饲料转化效率和对疾病抵抗力的改善决定了肉鸡对日粮营养浓度有很宽的适应范围。例如,配方能量水平的变化对肉鸡采食量的影响比以前小得多,肉用仔鸡在一系列日粮浓度下都能很好地生长。杜绝使用《饲料添加剂安全使用规范》和《饲料药物添加剂使用规范》等文件中明令禁止使用的各种违禁药物和饲料添加剂。

3.肉仔鸡饲料配方的设计步骤

(1)营养需要量的确定

不同品种和不同生长发育阶段肉鸡的营养需求量,可参考 NRC(2004)、《鸡饲养标准》(NY/T 33—2004)、罗斯肉鸡营养需要量、爱拔益加肉鸡营养需要量、科宝肉鸡营养需要量等要求。表9-1、表9-2分别列出了肉鸡日粮的高营养需要量和低营养需要量。两种饲喂方案采用共用的维生素-矿物质预混料(表9-3)。

表9-1 肉鸡日粮高营养需要量 单位:%

营养成分	0~18 d 育雏期	19~30 d 育成期	31~42 d 育成期	42 d 以上休药期
粗蛋白	22	20	18	16
代谢能(MJ/kg)	12.76	12.97	13.18	13.39
钙	0.95	0.92	0.89	0.85
有效磷	0.45	0.41	0.38	0.36
钠	0.22	0.21	0.20	0.20
蛋氨酸	0.50	0.44	0.38	0.36
蛋氨酸+胱氨酸	0.95	0.88	0.75	0.72
赖氨酸	1.30	1.15	1.00	0.95
苏氨酸	0.72	0.62	0.55	0.50
色氨酸	0.22	0.2	0.18	0.16
精氨酸	1.40	1.25	1.10	1.00
缬氨酸	0.85	0.66	0.56	0.50
亮氨酸	1.40	1.10	0.90	0.80
异亮氨酸	0.75	0.65	0.55	0.45
组氨酸	0.40	0.32	0.28	0.24
苯丙氨酸	0.75	0.68	0.60	0.50

资料来源:Leeson and Summers,2010.

表9-2 肉仔鸡日粮低营养需要量 单位:%

营养成分	0~18 d育雏期	19~30 d育成期	31~41 d育成期	42 d以上休药期
粗蛋白(MJ/kg)	21	20	18	16
代谢能	11.92	12.13	12.34	12.55
钙	0.95	0.90	0.85	0.80
有效磷	0.45	0.41	0.36	0.34
钠	0.22	0.21	0.19	0.18
蛋氨酸	0.45	0.40	0.35	0.32
蛋氨酸+胱氨酸	0.90	0.81	0.72	0.70
赖氨酸	1.20	1.08	0.95	0.92
苏氨酸	0.68	0.60	0.50	0.45
色氨酸	0.21	0.19	0.17	0.14
精氨酸	1.30	1.15	1.00	0.95
缬氨酸	0.78	0.64	0.52	0.48
亮氨酸	1.20	0.90	0.80	0.75
异亮氨酸	0.68	0.60	0.50	0.42
组氨酸	0.37	0.28	0.25	0.21
苯丙氨酸	0.70	0.65	0.55	0.46

资料来源:Leeson and Summers,2010.

表9-3 肉仔鸡日粮维生素、微量元素需要量

维生素/kg日粮	营养水平	微量元素/kg日粮	营养水平
维生素A(IU)	8000	锰(mg)	70
维生素D_3(IU)	3500	铁(mg)	20
维生素E(IU)	50	铜(mg)	8
维生素K(IU)	3	锌(mg)	70
硫胺素(mg)	4	碘(mg)	0.5
核黄素(mg)	5	硒(mg)	0.3
吡哆醇(mg)	4		
泛酸(mg)	14		
叶酸(mg)	1		
生物素(μg)	100		
烟酸(mg)	40		
胆碱(mg)	400		
维生素B_{12}(μg)	12		

(2)各阶段肉鸡饲料配方实例

表9-4至表9-7分别为高营养浓度日粮的实例,适用表9-1所示营养需要量。在育雏期、生长期、育成期及休药期共有6个不同配方。

表9-4 高营养浓度肉鸡育雏期日粮实例

原料或营养水平		配方1	配方2	配方3	配方4	配方5	配方6
原料/(kg/t)	玉米	533	559	—	—	—	—
	小麦	—	—	—	—	568	597
	高粱	—	—	523	542	—	—
	次粉	60	60	70	72	68	69
	肉粉	—	40	—	50	—	42
	豆粕	342	295	334	281	283	230
	大豆油	28.7	21.0	37.0	33.5	45.3	38.0
	DL-蛋氨酸	2.5	2.6	2.6	2.8	2.8	2.9
	L-赖氨酸	0.8	0.9	0.4	0.3	1.1	1.1
	NaCl	4.4	3.9	4.6	3.9	3.9	3.3
	石粉	15.8	12.0	16.0	11.2	16.2	12.5
	磷酸氢钙	11.8	4.6	11.4	2.3	10.7	3.2
	维生素-矿物质预混料	1	1	1	1	1	1
	总计	1000	1000	1000	1000	1000	1000
营养水平/%	粗蛋白	22	22	22	22	22	22
	代谢能(MJ/kg)	12.76	12.76	12.76	12.76	12.76	12.76
	钙	0.95	0.95	0.95	0.95	0.95	0.95
	有效磷	0.45	0.45	0.45	0.45	0.45	0.45
	钠	0.22	0.22	0.22	0.22	0.22	0.22
	蛋氨酸	0.61	0.62	0.56	0.57	0.60	0.61
	蛋氨酸+胱氨酸	0.95	0.95	0.95	0.95	0.95	0.95
	赖氨酸	1.30	1.30	1.30	1.30	1.30	1.30
	苏氨酸	0.93	0.91	0.86	0.84	0.82	0.80
	色氨酸	0.30	0.30	0.30	0.29	0.32	0.31

资料来源:Leeson and Summers,2010.

表9-5 高营养浓度肉鸡生长期日粮实例

原料或营养水平		配方1	配方2	配方3	配方4	配方5	配方6
原料/(kg/t)	玉米	614	646	—	—	—	—
	小麦	—	—	—	—	630	665
	高粱	—	—	573	600	—	—
	次粉	31	30	60	64	64	65
	肉粉	—	50	—	52	—	53
	豆粕	295	237	289	230	223	160
	大豆油	26.0	16.4	44.0	34.0	49.0	37.3
	DL-蛋氨酸	2.4	2.5	2.5	2.7	2.7	2.9
	L-赖氨酸	0.8	0.8	0.3	0.2	1.1	1.1

续表

原料或营养水平		配方1	配方2	配方3	配方4	配方5	配方6
原料/(kg/t)	NaCl	4.2	3.5	4.2	3.7	3.6	2.8
	石粉	16.0	11.3	16.0	11.5	16.4	11.9
	磷酸氢钙	10.6	1.5	10.0	0.9	9.2	/
	维生素-矿物质预混料	1	1	1	1	1	1
	总计	1000	1000	1000	1000	1000	1000
营养水平/%	粗蛋白	20	20	20	20	20	20
	代谢能(MJ/kg)	12.97	12.97	12.97	12.97	12.97	12.97
	钙	0.92	0.92	0.92	0.92	0.92	0.92
	有效磷	0.41	0.41	0.41	0.41	0.41	0.41
	钠	0.21	0.21	0.21	0.21	0.21	0.21
	蛋氨酸	0.58	0.59	0.53	0.54	0.57	0.58
	蛋氨酸+胱氨酸	0.88	0.88	0.88	0.88	0.88	0.88
	赖氨酸	1.15	1.15	1.15	1.15	1.15	1.15
	苏氨酸	0.85	0.83	0.78	0.76	0.73	0.70
	色氨酸	0.27	0.26	0.27	0.26	0.29	0.28

资料来源:Leeson and Summers,2010.

表9-6　高营养浓度肉仔鸡育成期日粮实例

原料或营养水平		配方1	配方2	配方3	配方4	配方5	配方6
原料/(kg/t)	玉米	693	726	—	—	—	—
	小麦	—	—	—	—	714	779
	高粱	—	—	643	676	—	—
	次粉	—	—	50	50	50	23
	肉粉	—	50	—	50	—	50
	豆粕	250	192	236	178	161	100
	大豆油	23.7	13.1	38.5	27.9	43.0	29.8
	DL-蛋氨酸	1.7	1.8	1.8	2.0	2.0	2.2
	L-赖氨酸	0.8	0.8	0.3	0.2	1.2	1.2
	NaCl	3.9	3.3	4.0	3.4	3.2	2.5
	石粉	16.0	11.3	16.3	11.5	16.5	11.3
	磷酸氢钙	9.9	0.7	9.1	—	8.1	—
	维生素-矿物质预混料	1.00	1.00	1.00	1.00	1.00	1.00
	总计	1000	1000	1000	1000	1000	1000
营养水平/%	粗蛋白	18	18	18	18	18	18
	代谢能(MJ/kg)	13.18	13.18	13.18	13.18	13.18	13.18
	钙	0.89	0.89	0.89	0.89	0.89	0.89
	有效磷	0.38	0.38	0.38	0.38	0.38	0.38

续表

原料或营养水平		配方1	配方2	配方3	配方4	配方5	配方6
营养水平/%	钠	0.20	0.20	0.20	0.20	0.20	0.20
	蛋氨酸	0.48	0.49	0.42	0.43	0.47	0.48
	蛋氨酸+胱氨酸	0.75	0.75	0.75	0.75	0.75	0.75
	赖氨酸	1.00	1.00	1.00	1.00	1.00	1.00
	苏氨酸	0.78	0.76	0.69	0.67	0.63	0.78
	色氨酸	0.25	0.23	0.24	0.23	0.27	0.25

资料来源：Leeson and Summers，2010.

表9-7　高营养浓度肉仔鸡休药期日粮实例

原料或营养水平		配方1	配方2	配方3	配方4	配方5	配方6
原料/(kg/t)	玉米	745	783	—	—	—	—
	小麦	—	—	—	—	772	812
	高粱	—	—	695	728	—	—
	次粉	—	—	50	50	50	60
	肉粉	—	60	—	50	—	50
	豆粕	196	127	181	123	100	27
	大豆油	25.0	12.6	40.4	30.0	45.0	34.0
	DL-蛋氨酸	2.0	2.2	2.2	2.3	2.4	2.6
	L-赖氨酸	2.2	2.2	1.7	1.6	2.7	2.7
	NaCl	3.9	3.1	4.0	3.4	3.1	2.3
	石粉	15.4	8.9	15.7	10.7	16.0	8.4
	磷酸氢钙	9.5	—	9.0	—	7.8	—
	维生素-矿物质预混料	1	1	1	1	1	1
	总计	1000	1000	1000	1000	1000	1000
营养水平/%	粗蛋白	16	16	16	16	16	16
	代谢能(MJ/kg)	13.39	13.39	13.39	13.39	13.39	13.39
	钙	0.85	0.85	0.85	0.85	0.85	0.85
	有效磷	0.36	0.39	0.36	0.37	0.36	0.38
	钠	0.20	0.20	0.20	0.20	0.20	0.20
	蛋氨酸	0.49	0.50	0.43	0.44	0.48	0.49
	蛋氨酸+胱氨酸	0.72	0.72	0.72	0.72	0.72	0.72
	赖氨酸	0.95	0.95	0.95	0.95	0.95	0.95
	苏氨酸	0.69	0.67	0.60	0.58	0.53	0.51
	色氨酸	0.21	0.20	0.21	0.19	0.24	0.22

资料来源：Leeson and Summers，2010.

四、配方说明

(1)本章列出的日粮配方适用于各种高营养浓度肉仔鸡日粮。

(2)使用方法及使用剂量:按需要配制0.1%的维生素-矿物质预混料后与配方原料拌匀后使用。

(3)本配方产品应保存在阴凉、避光、干燥之处。

五、拓展提高

(1)如何进行肉鸭饲料的配方设计?

(2)如何进行肉鹅饲料的配方设计?

(3)如何进行肉鸽饲料的配方设计?

六、评价考核

学生提交报告,教师可从以下5个方面综合评价,给出学生考核成绩。

(1)所选肉仔鸡营养需要的合理性;

(2)配方所选原料的合理性;

(3)选择配方设计方法的正确性;

(4)配方设计步骤的完整性;

(5)标示出配方结果和配方说明的准确性。

(编写者:张正帆)

实训 10

奶牛全混合日粮的配方设计

世界主要奶牛品种有荷斯坦牛、娟姗牛、更赛牛、爱尔夏牛和瑞士褐牛等,荷斯坦牛的数量占有绝对优势。我国目前的荷斯坦牛的存栏量约600万头,存栏100头以上和1 000头以上牧场的存栏量分别占全部存栏量的60%和40%,存栏量达到10 000头的规模牧场超过70家。我国荷斯坦奶牛年平均单产已达到8 t,一些规模化牧场的年平均单产超过12吨,跻身国际先进水平之列。我国奶牛养殖的规模化、机械化、标准化、信息化水平不断提高,对提高奶牛的生产性能起到了非常重要的作用,其中的一项关键技术就是全混合日粮(TMR)技术,已基本覆盖国内所有的规模化奶牛养殖场。

TMR是根据奶牛不同生理时期和泌乳阶段的营养需要,将粗饲料、精饲料和各种饲料添加剂按照一定比例充分混合而得到的一种营养相对平衡的日粮。TMR针对的是奶牛群体,而非单独的某一头牛。因此,TMR的应用基础是对牛群进行合理的分群,一般根据不同群体奶牛营养需要的不同,将牛群分为犊牛群、育成牛群、青年牛群、新产牛群、泌乳高峰期牛群、泌乳中后期牛群、干奶前期牛群和干奶后期牛群。在牛群比较大的情况下,头胎牛应该单独组群,不与经产牛同群。不同牛群维持需要、生长需要、泌乳需要、妊娠需要的差异决定了奶牛营养需要和饲养管理方案的不同。

一、项目导入

依据奶牛生理阶段和泌乳量的不同,一般需要制作3个泌乳阶段的奶牛饲料配方,即泌乳初期(泌乳前21 d)、泌乳高峰期(泌乳22—100 d)和泌乳中后期(泌乳101 d—干奶),也可将泌乳中后期划分为泌乳中期和泌乳后期。由于奶产量较高,泌乳初期和泌乳高峰期奶牛的营养需要很高,代谢压力也很大,易发生营养代谢疾病。

二、实训任务

试设计泌乳初期奶牛的TMR配方。

三、实训方案

1. 材料准备

奶牛的营养标准和饲料营养价值表、带有 Excel 软件或配方软件的计算机。

2. 注意事项

(1)泌乳初期奶牛营养代谢的特点

奶牛的干物质采食量(DMI)受体重、产奶量、环境条件、饲料品质、饲料类型以及饲喂方式等诸多因素的影响和制约。随着产犊日期的临近,奶牛 DMI 明显降低。妊娠最后3周的DMI 比干奶初期降低 10%~30%,妊娠最后1周的DMI 比干奶前期下降约 30%。然而,在妊娠的最后3周,胎儿和胎盘的营养需要量最高,加上初乳合成,经产母牛的乳腺恢复等方面的消耗,奶牛对能量和蛋白质等营养成分的需求迅速增加。DMI 的降低与营养需要的增加导致临产前奶牛出现严重的能量负平衡这样一种营养应激状态。

奶牛在分娩后第1周的DMI 只有最大采食量的 65% 左右,直到产犊后第9~13周,DMI 才达到峰值,而奶产量一般在产后5~7周达到高峰(可达 50~70 kg/d)。奶牛分娩后第4 d,乳腺对糖类氨基酸、脂肪酸的需要量分别是妊娠 250 d 时的3倍、2倍、5倍。有研究表明,泌乳初期奶牛每天缺乏 250~500 g 葡萄糖,DMI 只能满足需要量的 70%~85%。这意味着奶牛将在相当长的一段泌乳期内处于能量供需负平衡状态。

为了满足泌乳对能量及其他营养物质的需求,奶牛必须通过生理适应性调节机制来确保这些营养供给。在 DMI 长期不能满足营养物质需求的情况下,奶牛的体脂和体蛋白动员量快速增加。体脂动员既可为机体代谢提供能量,又能为乳脂合成提供前体物,其动员量也与分娩前的体脂储备量密切相关。但是,过量动员体脂,将会导致脂肪肝和酮病,并可能会诱发产乳热和真胃移位等,这也是目前奶牛生产中普遍关注的热点和难点。

(2)泌乳初期奶牛饲料配方设计重点

泌乳初期奶牛的饲养目标是增加奶牛的 DMI,提高产奶量;维持和增强瘤胃正常的消化功能,降低亚急性瘤胃酸中毒的风险;缓解能量负平衡,尽量降低体脂动员,减少体况损失和产后代谢病的发病率,为高产创造条件。

1)提高 DMI

为充分满足泌乳初期奶牛对营养物质的需求,应尽量提高 TMR 营养浓度,饲喂优质牧草,优化饲喂管理方案,提高 DMI。在综合考虑日粮的精粗比、能氮平衡的基础上,最大限度提高日粮的营养平衡性、适口性、可消化性和可利用性。初产牛和经产牛产后 21 d 的 DMI 应分别达到 17 kg 和 19 kg。

2)适当增加过瘤胃保护脂肪用量

在日粮中补充脂肪对缓解泌乳初期奶牛能量负平衡和体重损失的效果显著,但过量添加会影响 TMR 的适口性,并降低瘤胃微生物的活性。泌乳初期奶牛 TMR 中脂肪的添加量应限制在干物质的 1.5%~2.5%,即泌乳前5周内,日粮中脂肪含量占日粮干物质总量的 5%~6%。

3)提供足量的氨基酸

泌乳初期,由于 DMI 不足,蛋白质的摄入量通常不能满足奶牛的需要。因此,类似于能量负平衡,奶牛需要动员机体蛋白来满足需要。但与能量负平衡不同的是,蛋白负平衡通常可以通过提高日粮蛋白质水平和平衡氨基酸组成进行较好的缓解。有研究表明,给泌乳初期奶牛饲喂过瘤胃保护氨基酸来平衡日粮的氨基酸组成,可以有效缓解奶牛的蛋白负平衡;在低蛋白日粮中添加过瘤胃蛋氨酸能有效地平衡奶牛蛋白质代谢,增加产奶量和乳蛋白产量,还有利于提高奶牛的免疫力和抗氧化能力。TMR中赖氨酸和蛋氨酸的需要量应分别占饲粮可代谢蛋白质的7.2%和2.4%。

4)维持瘤胃健康

TMR中要含有足够的可消化纤维和非结构性碳水化合物,维持乳脂率。美国NRC奶牛营养需要(2001)指出,在泌乳初期,要维持3.4%以上的乳脂率,瘤胃内pH应维持在5.9~6.6,物理有效中性洗涤纤维(peNDF)的摄入量为3.7~6.3 kg/d,或peNDF占日粮干物质的19.3%~30.0%。足够的peNDF可减少亚急性瘤胃酸中毒的发病率,提高乳脂率,以及提高干物质和纤维的消化率。利用优质的苜蓿干草等的长纤维能维持瘤胃的正常功能。TMR中粗饲料比例一般不低于40%。

小苏打作为缓冲剂可提高奶牛瘤胃pH,降低奶牛患亚急性瘤胃酸中毒的风险,饲喂量为100~250 g/d,或占DMI的0.8%。氧化镁为碱化剂,也可提高瘤胃pH,饲喂量为40~120 g/d,或占DMI的0.4%。小苏打与氧化镁以(2~3):1的比例添加到TMR中的效果更好。

5)饲料原料的选择

应选用不含霉菌毒素或含量低的原料,禁用发霉变质原料。使用一定量的菜籽粕、DDGS可适当降低饲料成本。使用一定量的全棉籽可提高饲料中的纤维含量、促进反刍,也能提供一定量的过瘤胃脂肪。使用一定量的甜菜颗粒、大豆皮可提高饲料中的短纤维含量,既能提高纤维含量,又能提高饲料纤维的降解率。泌乳初期奶牛补充胆碱和烟酸,有利于改善牛只健康、能量负平衡状态和脂肪代谢,可防止奶牛酮病,提高DMI。添加酵母培养物类产品能刺激纤维降解菌的生长繁殖,有利于维持瘤胃pH。

3. 操作步骤

奶牛TMR配方的制订包括以下7个步骤。

第一步:依据各种奶牛各阶段的生理特征,确定所设计饲料配方的特点,以及各类饲料的应用量范围。

第二步:确定奶牛所需营养的主要成分标准,包括主要营养物质需要量和DMI,并计算成以干物质为基础的营养成分的百分含量和能量浓度。

第三步:确定全混合日粮中所有饲料原料的成分和营养价值,并换算成干物质基础。

第四步:确定各类饲料原料的市场价格,并换算成干物质基础。

第五步:使用Excel的规划求解方法,获得饲料配方结果。

第六步:审定配方结果。

第七步:撰写使用说明。

现选用全株玉米青贮、苜蓿干草、玉米、麦麸、豆粕(粗蛋白≥43%)、全棉籽、过瘤胃脂肪、石粉、食盐、磷酸氢钙、碳酸氢钠、1.0%奶牛产奶期预混料等原料,为一体重为600 kg、日产4%乳脂率标准奶30 kg设计奶牛的TMR配方。

(1)确定奶牛的养分需要量和每千克饲料的养分含量

根据中国《奶牛饲养标准》(NY/T34—2004),确定每头奶牛每天的干物质、产奶净能、可消化粗蛋白质、钙和磷的需要量,具体见表10-1。据此,可计算出每千克饲料中的产奶净能为7.03 MJ,可消化粗蛋白含量为10.32%,钙含量为0.88%,磷含量为0.60%。

表10-1 奶牛主要养分日需要量标准

营养需要标准	干物质/kg	产奶净能/MJ	可消化粗蛋白质/g	钙/g	磷/g
维持需要	7.52	43.10	364	36	27
产奶需要	12.0	94.14	1650	135	90
合计	19.52	137.24	2014	171	117

再结合美国NRC奶牛营养需要(2019)和生产实际,确定每头奶牛每天的需要量:干物质采食量为20 kg,产奶净能为7.00 MJ,可消化粗蛋白含量为11%,钙含量为0.86%,磷含量为0.40%。除此之外,为使饲料配方更加合理,将粗蛋白含量设定为17.5%、NDF含量为32%、ADF含量为22%、淀粉含量为23%、粗脂肪含量为5.5%。

(2)用规划求解法计算

根据各种饲料营养成分、原料限制、价格,将以上所有数据一起填入Excel表中。

应用Excel规划求解法计算奶牛TMR配方,具体见图10-1。

	A	B	C	D	E	F	G	H	I	J	K	L	M	N
1	饲料原料	产奶净能 MJ/kg	粗蛋白 %	可消化粗蛋白%	NDF %	ADF %	淀粉 %	粗脂肪 %	钙 %	磷 %	单价,元/kg 干物质基础	饲粮配比 %	最小用量 %	最大用量 %
2	玉米	8.3	9.3	5.9	9.5	3.4	70	4.2	0.03	0.27	2.27	20.51	20	30
3	豆粕	8.9	49	36	15	9.6	3.5	1.6	0.33	0.62	3.82	8.74	8	20
4	DDGS	8.2	29.7	20	38.8	19.7	4.2	10	0.08	0.71	2.47	6.00	2	6
5	菜籽粕	7.36	38.6	32	28.7	19.5	6.1	2.8	0.65	1.02	2.73	5.00	3	5
6	全棉籽	7.11	26.9	17	50.3	40.1	0.6	13.93	0.17	0.6	2.61	7.31	3	8
7	麦麸	6.78	14.4	10.5	41.3	15.9	19.8	4	0.18	0.78	1.95	5.00	5	10
8	甜菜颗粒	5.86	10	7	47.8	25.1	1.6	1.1	0.91	0.09	2.70	2.00	2	10
9	全株玉米青贮	6	8.6	4.5	54	33	23	3.2	0.44	0.26	2.00	28.00	28	35
10	苜蓿干草	4.95	19.2	12	43	32	4	2.4	1.2	0.32	3.64	12.00	12	18
11	过瘤胃脂肪	23.2	0	0	0	0	0	98	0	0	10.20	1.77	1	2
12	石粉	0	0	0	0	0	0	0	35	0	0.21	1.37	0	2
13	食盐	0	0	0	0	0	0	0	0	0	1.33	0.50	0.5	0.5
14	磷酸氢钙	0	0	0	0	0	0	0	21	16	1.77	0.01	0	1
15	碳酸氢钠	0	0	0	0	0	0	0	0	0	2.00	0.80	0.8	0.8
16	1%预混料	0	0	0	0	0	0	0	0	0	11.00	1.00	1	1
17	配方养分含量	7.00	17.50	11.76	34.00	21.00	23.20	5.90	0.86	0.40	2.74	100.0		
18	饲养标准	7	17.5	11	32	22	23	5.5	0.86	0.4				
19	标准上限	7.1	17.7	12	36	24	25	6		0.42				
20	标准下限	7	17.5	10	30	21	23	5	0.86	0.4				

图10-1 产奶高峰期奶牛TMR配方规划求解表

（3）结果审定

根据奶牛的生理特点和饲料精粗比例，审核各种饲料原料的添加比例是否合适，如不合适，需要调整原料的最小用量和最大用量，最后列出所设计奶牛的TMR配方（表10-2）。

表10-2　奶牛TMR配方（干物质基础）

单位:%

饲料原料	配合比例	营养组成	含量
玉米	20.51	产奶净能/(MJ/kg)	7.00
豆粕	8.74	粗蛋白	17.50
DDGS	6.00	可消化粗蛋白	11.76
菜籽粕	5.00	中性洗涤纤维	34.00
全棉籽	7.31	酸性洗涤纤维	21.00
麦麸	5.00	淀粉	23.20
甜菜颗粒	2.00	粗脂肪	5.90
全株玉米青贮	28.00	钙	0.86
苜蓿干草	12.00	磷	0.40
过瘤胃脂肪	1.77		
石粉	1.37		
食盐	0.50		
磷酸氢钙	0.01		
碳酸氢钠	0.80		
1%预混料	1.00		

（4）使用说明

本TMR配方是以绝干物质基础制订的，因此，在使用时需换算成饲喂基础的用量。如本例中，奶牛每天需要的DMI为20 kg，则需要绝干物质基础的玉米4.10 kg，按照87%的干物质含量换算，需要饲喂基础的玉米4.71 kg；需要绝干物质基础的全株玉米青贮料5.60 kg，按照30%的干物质含量换算，需要饲喂基础的全株玉米青贮料18.67 kg。

也可据此TMR配方，分别去掉粗饲料以及粗饲料和能量饲料后，制作成奶牛精料补充料和浓缩料的饲料配方。

四、拓展提高

（1）如何平衡泌乳初期奶牛TMR中淀粉、脂肪、纤维的含量？

（2）如何进行泌乳高峰期奶牛的TMR配方设计？

（3）如何进行干奶前期奶牛的TMR配方设计？

（4）如何进行干奶后期奶牛的TMR配方设计？

（5）如何进行后备牛的TMR配方设计？

五、评价考核

学生提交报告,教师可从以下5个方面综合评价,给出学生考核成绩。

(1)所选动物营养指标的合理性;

(2)配方所选原料的合理性;

(3)选择配方设计方法的正确性;

(4)配方设计步骤的完整性;

(5)标示出配方结果和配方说明的准确性。

(编写者:黄文明)

实训 11

肉牛全混合日粮的配方设计

全混合日粮(TMR)饲养技术起步于20世纪60年代,最先推广应用于奶牛产业。我国大部分地区草食家畜的饲喂仍以精、粗饲料分别饲喂为主,对日粮组成的分析和应用还未达到精细化。因为TMR各组分比例适当,日粮中碱性和酸性的饲料混合均匀,所以反刍动物吃进的每一口干物质均含有营养均衡、精粗比适宜的养分。

草食家畜采用传统的精粗分饲(粗料自由采食、精料限量)存在以下诸多不足:①因个体对精粗料的不同嗜好,分开饲喂难以保证日粮适宜和稳定的精粗比例;②因各种饲料的适口性不同,分开饲喂常导致总的干物质摄取量减少,从而容易引起必需粗纤维的摄取量不足,使生产和繁殖性能受到影响;③个体因择饲会在短期内采食过多的精料,对粗料的采食量下降,导致瘤胃pH降低,不利于纤维素的消化,结果打乱了瘤胃内营养物质消化代谢的动态平衡,引起消化系统紊乱,严重者还可导致酸中毒,从而影响生产性能的发挥;④精粗料分开饲喂模式难以适应规模化、集约化、标准化的发展要求;⑤精粗料分开饲喂模式难以正确地掌握各种饲料摄取量,难以运用营养学的最新知识配制日粮以满足动物的最佳需要。

TMR饲养技术在反刍动物生产中得到了推广和普及,与传统思维方式相比,TMR饲养技术具有以下几个优点:①便于控制日粮的营养水平,提高干物质采食量;②可增强瘤胃发酵,有效地防止消化系统功能紊乱;③降低饲养成本,提高劳动效率;④有利于发挥动物的生产性能;⑤有助于控制生产。

一、项目导入

肉牛生产体系分为三个阶段。一是育犊母牛阶段;二是架子牛/育前牛阶段:犊牛断奶后进入围栏肥育场前的过渡阶段,通常采用放牧或使用牧草、秸秆及副产物品等低成本粗料饲养阶段;三是肥育阶段:利用谷物及少量牧草、副产物饲料、维生素及矿物质组成的营养富集型饲粮来完成。

平均体重为520 kg的母牛产下一头犊牛的繁殖周期为1年,母牛平均每天粗饲料干物质的采食量约占体重的2.25%;犊牛初生重约为35 kg,犊牛平均7月龄(207 d)可断奶,断奶时的平均体重为240 kg,犊牛从出生到断奶期间对粗饲料干物质的平均采食量为体重的1.25%。架子牛的平均养殖时间大致为150 d,此阶段对粗饲料干物质的平均采食量为体重的2.25%,平均体重在320 kg(272～360 kg)进入肥育阶段。肥育牛平均屠宰月龄为17个月(510 d,13～

20月龄），牛只在大型围栏肥育场的平均饲喂周期为158 d（95~220 d），大型围栏肥育场饲粮平均含55%的谷物、30%副产物、10%的粗饲料、5%的其他营养来源（主要是尿素、维生素和矿物质添加剂），肥育阶段采食量为体重的1.87%或8.42 kg/d。生产一头谷饲肥育牛的粗饲料干物质总采食量（DMI）为6411 kg，占总采食量的80.8%；谷物饲料为732 kg，占总采食量的9.3%；非粗饲料且非谷物饲料占总采食量的9.9%。

二、实训任务

为体重500 kg、日增重1 200 g的西门塔尔杂交育肥牛，自选原料配一全混合日粮配方。

三、实训方案

1. 材料准备

肉牛的饲养营养需要或饲料标准、肉牛饲料原料的营养价值表，以及Excel软件。

2. 饲料配方设计原则

（1）营养生理原则

1）了解牛群育肥情况，如品种、体重、季节、环境等，同时了解所用饲料原料中的营养成分及含量变化。

2）首先要满足肉牛对能量的要求，其次考虑蛋白质、矿物质和维生素等的需要。

3）能量进食量不宜超过肉牛标准需要量的105%，蛋白质进食量可以超过标准需要量的5%~10%。

4）设计的干物质进食量不宜超过标准需要量的103%，营养物质的进食量均不宜低于动物最低需要量的97%。

5）考虑采食量与饲料营养浓度之间的关系，既要保证肉牛的每天饲料量能够吃进去，也要保证所提供的养分能满足其对各种营养物质的需要。采食量一般按每100 kg体重供给2~3 kg计算。

6）控制配合饲料中粗纤维的含量，粗纤维以15%~20%为宜。

7）使用肉牛添加剂，含有多种维生素、微量元素、霉菌毒素吸附剂等。

8）选用蒸煮压片玉米或干碾压小麦，可适当提高饲料利用效率；添加缓冲剂如碳酸氢钠或氧化镁，以此调整瘤胃酸碱平衡，防止酸中毒。

9）饲料的组成应多样化、适口性好、易消化。一般饲料组成中除提供的矿物质元素、维生素及其他添加剂外，含有的精饲料种类不应少于3~5种，粗饲料种类不应少于2~3种。

10）饲料组成应保持相对稳定，如果必须更换饲料时，应遵循逐渐更换的原则。

（2）经济原则

1）选用的饲料原料价格适宜。

2）由于饲料费用占肉牛饲养成本的70%左右，配合日粮时，尽量因地制宜，尽量选营养丰富、质量稳定、价格低廉、资源充足，增加非常规饲料资源的使用比例（如农副产品、当地的农作物秸秆和饲草）。

3）建立饲料饲草基地，全部或部分解决饲料供给。

（3）安全性原则

1）保证配合饲料的饲用安全性，选用霉菌毒素低的原料，禁用发霉变质原料。

2）针对可能对肉牛机体产生伤害的饲料原料，除采用特殊的脱毒处理措施外，不可用于配方设计。

3）饲料成分在动物产品中的残留与排泄应对环境和人类没有毒害作用或潜在威胁。

4）允许使用的添加剂应严格按规定添加，防止添加成分通过动物排泄物或动物产品危害环境和人类的健康。

3. 设计步骤

现以小麦秸秆、玉米青贮料和白酒糟为粗饲料，玉米、小麦麸、棉籽饼、棕榈粕为精饲料，设计300 kg肥育前期、日增重1.0 kg的肉牛全混合日粮配方为例，说明肉牛TMR配方的基本步骤。

（1）查饲养标准

利用饲养标准计算每千克干物质（DM）配合饲料中的养分含量。如选中D7单元格（即综合净能，NE），输入"＝D3/C3"。用同样方法完成E7、F7、G7、H7单元格的编辑（见图11-1）。

	A	B	C	D	E	F	G	H
1	肉牛营养需要（查饲养标准）							
2	体重（kg）	日增重（g）	DM量（kg）	NE（MJ）	RND	CP（g）	Ca（g）	P（g）
3	300	1000	7.11	39.71	4.92	785	34	18
4								
5	每千克DM配合饲料养分含量							
6			DM/kg	NE（MJ/kg）	RND/kg	CP（%）	Ca（%）	P（%）
7			1	5.59	0.69	11.04	0.48	0.25

图11-1　肉牛营养需要量

（2）查饲料成分和营养价值

输入待用饲料原料（风干基础）的营养价值（见图11-2）。

	A	B	C	D	E	F	G
9			风干基础饲料成分和营养价值（查饲料成分和营养价值表）				
10	饲料种类	DM（%）	NE（MJ/kg）	RND/kg	CP（%）	Ca（%）	P（%）
11	小麦秸秆	89.6	1.96	0.24	5.4	0.05	0.06
12	玉米青贮	25	0.61	0.08	1.4	0.1	0.02
13	白酒糟	21	1.05	0.12	3.4	0.05	0.07
14	玉米	88.4	7.86	1.00	8.6	0.08	0.21
15	小麦麸	88.6	5.66	0.73	14.4	0.18	0.78
16	棉籽饼	89.6	6.52	0.82	32.5	0.27	0.81
17	棕榈粕	88.2	6.3	0.85	15.8	0.21	0.47
18	尿素	99.8	0	0.00	182	0	0
19	磷酸氢钙	99.8	0	0.00	0	21.85	16.5
20	石粉	99.8	0	0.00	0	40	0
21	食盐	90	0	0.00	0	0	0
22	小苏打	90	0	0.00	0	0	0
23	添加剂*	90	0	0.00	0	0	0
24	*添加剂包括维生素、微量元素和瘤胃调节剂						

图 11-2　风干基础饲料成分和营养价值

（3）确定每千克粗料（DM 基础）的营养成分

首先确定精粗比，根据经验定为 60:40。

选择小麦秸秆、玉米青贮料和白酒糟为粗饲料原料，其 DM 基础的配比分别定为 10%、50% 和 40%。利用图 11-2，计算小麦秸秆的 DM 基础的配量（kg），如在 C28 单元格中输入"=B28/100"；计算小麦秸秆的 NE（MJ/kg），如在 D28 单元格中输入"=C28*C11/（B11/100）"。按照此法，完成小麦秸秆的其他营养指标，如肉牛能量单位（RND）、粗蛋白质（CP）、钙（Ca）、磷（P），以及其他原料的相应营养指标。完成以上步骤后，求出数量合计（"∑"）。

计算每千克配合饲料（DM 基础）中的粗料提供的营养价值。首先选中 C32 单元格，输入 0.40，再选中 D32 单元格，输入"=C32*D31"。按照此法，分别编辑 E32、F32、G32、H32。

计算每千克配合饲料（DM 基础）中由剩余的精料需要提供的营养价值。首先选中 C33 单元格，输入"=1-C32"，再选中 D33 单元格，输入"=D7-D32"，最后用鼠标按住 D33 单元格填充柄，拉至 H33 单元格（"P"项）。结果见图 11-3。

	A	B	C	D	E	F	G	H
26			配制每千克粗料（DM）的营养指标					
27	饲料种类	DM配比（%）	DM配量（kg）	NE（MJ/kg）	RND/kg	CP（%）	Ca（%）	P（%）
28	小麦秸秆	10.00	0.10	0.22	0.03	0.60	0.01	0.01
29	玉米青贮	40.00	0.40	0.98	0.13	2.24	0.16	0.03
30	白酒糟	50.00	0.50	2.50	0.29	8.10	0.12	0.17
31	合计	100.00	1.00	3.69	0.44	10.94	0.28	0.21
32	每千克配合饲料DM中精粗比	粗料	0.40	1.48	0.18	4.38	0.11	0.08
33		精料	0.60	4.11	0.52	6.67	0.36	0.17

图 11-3　每千克粗料（DM 基础）的营养成分

（4）确定每千克精料（DM 基础）的营养成分

选择玉米、小麦麸、棉籽饼、棕榈粕为精饲料原料，以及磷酸氢钙、石粉、食盐、小苏打和添加剂，根据经验确定其干物质（DM）配比。利用图 11-2，浓缩精料中各种原料的营养指标的计算方法同粗料，此处略。结果见图 11-4。

	A	B	C	D	E	F	G	H
38			配制每千克精料（DM）的营养指标					
39	饲料种类	DM配比（%）	DM配量（kg）	NE（MJ/kg）	RND/kg	CP（%）	Ca（%）	P（%）
40	玉米	75.00	0.75	6.67	0.85	7.30	0.07	0.18
41	小麦麸	6.00	0.06	0.38	0.05	0.98	0.01	0.05
42	棉籽饼	3.00	0.03	0.22	0.03	1.09	0.01	0.03
43	棕榈粕	10.00	0.10	0.71	0.10	1.79	0.02	0.05
44	尿素	0.00	0.00	0.00	0.00	0.00	0.00	0.00
45	磷酸氢钙	0.20	0.00	0.00	0.00	0.00	0.04	0.03
46	石粉	1.20	0.01	0.00	0.00	0.00	0.48	0.00
47	食盐	0.60	0.01	0.00	0.00	0.00	0.00	0.00
48	小苏打	2.00	0.02	0.00	0.00	0.00	0.00	0.00
49	添加剂*	2.00	0.02	0.00	0.00	0.00	0.00	0.00
50	合计	100.00	1.00	7.98	1.02	11.15	0.64	0.34
51	每千克DM配合饲料中含精料营养成分		0.60	4.79	0.61	6.69	0.38	0.21
52	与标准相差			0.68	0.10	0.03	0.02	0.04

图11-4　每千克精料（DM基础）的营养成分

（5）确定最终的饲料配方

根据干物质配比和饲料配方的精粗比，计算饲料原料在配合饲料（DM基础）中的配比（%），并合计。如在B56单元格中输入"＝B28*C32"，完成小麦秸秆在配合饲料（DM基础）中的配比，在B59单元格中输入"＝B40*C33"，完成玉米在配合饲料（DM基础）中的配比。

计算每千克配合饲料（DM基础）中的原料使用量（kg），并合计。如在C56单元格中输入"＝(B56/100)/(B11/100)"，然后用C56单元格填充柄，拉至C68单元格。

计算配合饲料中的原料比例（%），并合计。如在D56单元格中输入"＝C56/C69*100"，然后用D56单元格填充柄，拉至D68单元格。

计算配合饲料中的原料成本（元/kg），并合计。首先在E56~E68单元格中输入各种原料的单价（元/kg），然后选中F56单元格，输入"＝(D56/100)*E56"，再用F56单元格填充柄，拉至F68单元格。

计算配合饲料中的原料每日用量（kg），并合计。如在G56单元格中输入"＝C3*(B56/100)/(B11/100)"，按照此法，分别计算其他原料的日喂量。

最后计算配合饲料的日粮成本（元/日），并合计。如在H56单元格中输入"＝E56*G56"，再用H56单元格填充柄，拉至H68单元格。结果见图11-5。

	A	B	C	D	E	F	G	H
54			确定最终的配合饲料配方					
55	饲料种类	DM配合饲料配比（%）	每千克DM配合饲料中原料量（kg）	原料在配合饲料中的比例（%）	原料价格（元/kg）	原料成本（元/kg）	日喂量（kg）	日粮成本（元/日）
56	小麦秸秆	4.00	0.045	1.93	0.2	0.004	0.317	0.063
57	玉米青贮	16.00	0.640	27.66	0.25	0.069	4.550	1.138
58	白酒糟	20.00	0.952	41.16	0.2	0.082	6.771	1.354
59	玉米	45.00	0.509	22.00	1.9	0.418	3.619	6.877
60	小麦麸	3.60	0.041	1.76	1.26	0.022	0.289	0.364
61	棉籽饼	1.80	0.020	0.87	2.5	0.022	0.143	0.357
62	棕榈粕	6.00	0.068	2.94	1	0.029	0.484	0.484
63	尿素	0.00	0.000	0.00	3	0.000	0.000	0.000
64	磷酸氢钙	0.12	0.001	0.05	3.95	0.002	0.009	0.034
65	石粉	0.72	0.007	0.31	1.1	0.003	0.051	0.056
66	食盐	0.36	0.004	0.17	1	0.002	0.028	0.028
67	小苏打	1.20	0.013	0.58	1	0.006	0.095	0.095
68	添加剂*	1.20	0.013	0.58	8	0.046	0.095	0.758
69	合计	100.00	2.314	100.00		0.706	16.452	11.609

图11-5　配合饲料配方

（6）验证配方

复制填充配合饲料中的原料日喂量（kg）。选中B74单元格，输入"＝G56"，然后用B74单元格填充柄拉至B86单元格，并合计，即完成配合饲料的日喂量。

验证配合饲料的DM量（kg）。选中C74单元格，输入"＝B74*（B11/100）"，然后用C74单元格填充柄拉至C86单元格，并合计。

验证配合饲料的NE（MJ/kg）。选中D74单元格，输入"＝B74*C11"，然后用D74单元格填充柄拉至D86单元格，并合计。按照此法，分别验证配合饲料的RND、CP、Ca、P的需要量。

饲料配方与营养需要标准进行比较。选中C88单元格，输入"＝C87-C3"，然后用C88单元格填充柄拉至H88单元格，即可完成与肉牛营养需要标准的比较。验证配方结果见图11-6。

	A	B	C	D	E	F	G	H
72	秆			验证配方				
73	饲料种类	日喂量（kg）	DM量（kg）	NE（MJ/kg）	RND/kg	CP（g）	Ca（g）	P（g）
74	小麦秸	0.317	0.28	0.62	0.08	17.14	0.16	0.19
75	玉米青贮	4.550	1.14	2.78	0.36	63.71	4.55	0.91
76	白酒糟	6.771	1.42	7.11	0.81	230.23	3.39	4.74
77	玉米	3.619	3.20	28.45	3.62	311.26	2.90	7.60
78	小麦麸	0.289	0.26	1.64	0.21	41.60	0.52	2.25
79	棉籽饼	0.143	0.13	0.93	0.12	46.42	0.39	1.16
80	棕榈粕	0.484	0.43	3.05	0.41	76.42	1.02	2.27
81	尿素	0.000	0.00	0.00	0.00	0.00	0.00	0.00
82	磷酸氢钙	0.009	0.01	0.00	0.00	0.00	1.87	1.41
83	石粉	0.051	0.05	0.00	0.00	0.00	20.52	0.00
84	食盐	0.028	0.03	0.00	0.00	0.00	0.00	0.00
85	小苏打	0.095	0.09	0.00	0.00	0.00	0.00	0.00
86	添加剂*	0.095	0.09	0.00	0.00	0.00	0.00	0.00
87	合计	16.452	7.11	44.57	5.61	786.78	35.30	20.54
88	与标准相差		0.00	4.86	0.69	1.78	1.30	2.54

图11-6 验证配方结果

（7）使用说明

肉牛肥育期全混合日粮饲料配方见表11-1，每天饲喂全混合日粮16.45 kg，日粮成本11.61元/日。运用Excel软件配置日粮，只需更改饲料配比（图11-3、图11-4中阴影部分），或更换所使用的饲养标准、饲料成分和营养价值，以及原料价格等引起的一系列数据变动，使计算结果与其变化相对应，就可以省去全部的运算过程，达到饲料营养与饲料成本的最大优化。

表11-1 肉牛肥育期全混合日粮饲料配方   单位:%

原料	小麦秸秆	玉米青贮	白酒糟	玉米	小麦麸	棉籽饼	棕榈粕	磷酸氢钙	石粉	食盐	小苏打	添加剂
配合比例	1.9	27.7	41.2	22.0	1.8	0.9	2.9	0.1	0.3	0.2	0.6	0.6

四、拓展提高

(1)如何设计不同生产水平、不同精粗比的肉牛TMR饲粮配方？

(2)如何设计肉羊TMR饲粮的配方？

(3)如何保证肉牛日粮能量与蛋白质的适宜比例？

(4)在保持一定蛋白质水平的条件下，如何使用部分非蛋白质饲料以节省饲料蛋白质，降低饲料成本？

(5)随着精粗比的提高，如何避免瘤胃代谢紊乱的发生？

五、评价考核

学生提交报告，教师可从以下5个方面综合评价，给出学生考核成绩。

(1)饲养标准选择的合理性；

(2)配方所选原料的合理性；

(3)选择配方设计方法的正确性；

(4)配方设计步骤的完整性；

(5)标示出配方结果和配方说明的准确性。

（编写者：朱　智）

实训 12

日粮配方质量的检查与评价

日粮是指动物一昼夜采食的饲料的总和,而日粮配方是指根据动物一昼夜的养分需求,科学搭配饲料原料以满足动物需求的配合方案。日粮配方中养分种类是否齐全、数量是否充足、比例是否适宜及是否存在抗营养因子决定了饲料在动物体内的利用效率和饲养效果,即饲料营养价值的高低。然而,动物所采食的日粮受饲料加工投料准确度、混合均匀度和动物采食偏好影响而往往与日粮配方不一致。因此,日粮配方的质量不仅与是否满足动物营养需求有关,还与是否有利于精准加工及避免动物挑食等指标有关。日粮配方质量的检查与评价是动物采食的日粮与日粮配方一致的保障,检查与评价的目的在于改善日粮配方,使配方更科学和精准地满足动物营养需求,达到预期的生产目标。日粮配方质量检查的主要内容包括饲料的营养物质组成、消化率和适口性等,而日粮配方质量的评价主要包括对动物的饲养效果、畜产品质量、环境与人类健康的影响以及经济价值等。

一、项目导入

饲料配方质量一般从以下几方面进行检查与评价。

1. 配方的市场认同

配方的市场认同包括所设计配方的使用对象、产品档次、成本要求、特定需要(如安全性、环保性等)等。

2. 配方的营养质量

配方的营养质量包括以下内容。营养认知:原料的选用、营养成分评价,营养标准的选用与营养素的选择与设定应该合理;营养适宜:避免某些营养素缺乏或过量,即营养平衡,各营养素间平衡,如能蛋平衡、钙磷平衡。

3. 配方的静态稳定

配方的静态稳定包括选用的原料种类与质量的稳定性、配方营养成分设计值对产品的稳定性的影响。

4. 配方的动态平衡

配方可随不同品种、季节、区域、环境与动物的健康状况等因素的差异应有所变动,并保持平衡化等。

5. 配方的生产加工评估

针对所设计的配方在加工环节会出现的问题,如高温、制粒等对配方效价的影响进行评估。

6. 配方的实际效用评价

配方的实际效用评价也是对配方的最后评价,包括适口性、采食量、皮毛外观、健康状况、生产性能等,最重要的是所设计的饲料配方除能满足动物生长、发育、繁殖外,还能确保动物最大限度发挥其生产性能,尽可能做到营养质量、经济效益、安全保证等相统一。

7. 总结评价

用简练、准确、科学的语言总结评价结果,得出结论,对具体问题提出切实可行的解决措施或建议,尽可能做到营养质量与社会效益、经济效益相统一。

二、实训任务

任务 1:某鸡场公母混养爱拔益加(AA+)肉用仔鸡(4~6 周龄)饲料采用下列日粮配方:玉米 69.8%、豆粕(粗蛋白 46.0%)25.0%、大豆油 2.0%、磷酸氢钙 1.0%、石粉 1.0%、盐 0.5%、98%L-赖氨酸盐酸盐 0.2%、98%DL-蛋氨酸 0.1%、1.0% 肉鸡后期预混料(含有多种维生素、微量元素等)。试根据该鸡的营养标准对上述日粮配方对各项营养素含量进行检查与评价,并改进日粮配方。

任务 2:某猪场瘦肉型母猪妊娠期饲料采用下列日粮配方:玉米 56.0% 麦麸 15.0%、玉米蛋白饲料(粗蛋白质 18.0%)10.0%、豆粕(粗蛋白质 43.0%)15.0%、磷酸氢钙 1.5%、石粉 1.0%、盐 0.5%、1.0% 妊娠母猪专用预混料(含有多种维生素、微量元素等)。试根据瘦肉型母猪的营养标准对该日粮配方的各项营养素含量(包括粗纤维)进行检查与评价,并改进饲料配方。

三、实训方案

现以奶牛泌乳高峰期(泌乳 22~100 d)日粮配方质量的精细检查与评价为例,说明配方检查和评价应做的工作。

1. 材料准备

奶牛营养需要标准;饲料常规养分测定的相关仪器,如烘箱、凯氏定氮仪、纤维测定仪、脂肪测定仪、分光光度计、原子吸收光度计等;奶牛饲料评定相关的滨州筛、粪筛和 pH 计等;与奶牛生产性能测定相关的产奶量记录仪及乳成分测定仪等。

2. 注意事项

(1)泌乳高峰期奶牛营养代谢特点

泌乳高峰期奶牛饲料需要有较高的可消化的总养分,并有足够的粗纤维以维持瘤胃健康。一般年产奶量为 5 000 ~ 6 000 kg 的奶牛饲粮中精饲料比例为 40% ~ 50%，高产奶牛的泌乳高峰期精粗饲料比可达 60∶40。为避免乳脂率下降，粗纤维应不低于 17%（占日粮干物质）。这个时期，乳牛日粮中粗蛋白应占 17% ~ 18%，钙占 0.7%，磷占 0.45%，日粮中可添加碳酸氢钠，以调整瘤胃 pH，日粮可添加过瘤胃脂肪，以提高日粮浓度，抵抗应激。该阶段的日粮配方不仅要能满足动物的营养需要和营养物质平衡，而且要求配方的适口性好，饲料的体积符合动物的消化生理，在考虑饲料对奶牛安全的同时，还应考虑对牛奶风味的影响。

（2）奶牛 TMR 水分及养分指标控制

奶牛新鲜 TMR 的水分含量控制在 45% ~ 55%，冬靠下限，夏靠上限；TMR 中粗蛋白、粗脂肪、粗纤维、水分、钙磷比和粗灰分等指标与配方指标相比的误差变动范围控制在表 12-1 规定的范围之内。

表 12-1　泌乳期奶牛 TMR 养分指标相比配方指标的允许误差范围

指标	误差范围
干物质	±3%
粗蛋白	±1%
酸性洗涤纤维	±2%
中性洗涤纤维	±2%
粗灰分	±0.5%
钙	±0.1%
磷	±0.1%

（3）奶牛 TMR 非结构性碳水化合物和纤维的控制

结构性碳水化合物（SC）是植物细胞壁的结构物质，主要有纤维素、半纤维素和木质素，在洗涤纤维分析体系中被测定为中性洗涤纤维（NDF）；非结构性碳水化合物（NSC）主要是细胞内容物中的淀粉和糖。充足的 SC 是维持反刍动物唾液分泌、反刍、瘤胃缓冲和瘤胃壁健康所必需的。对泌乳奶牛来说，充足的 NDF 也是防止乳脂下降所需要的。泌乳期奶牛 TMR 推荐的 NDF 和 NSC 含量及其比例如表 12-2 所示。

表 12-2　奶牛泌乳期 TMR 中 NDF 和 NSC 的推荐含量

	泌乳初期	泌乳中期	泌乳后期
粗料 NDF/%（DM 基础）	21 ~ 24	25 ~ 26	27 ~ 28
NDF 总量/%（DM 基础）	28 ~ 32	33 ~ 35	36 ~ 38
NSC/%（DM 基础）	32 ~ 38	32 ~ 38	32 ~ 38
NSC/NDF	1.14 ~ 1.19	0.79 ~ 1.09	0.89 ~ 1.00

（4）奶牛 TMR 制作粒度的控制

随着奶牛生产性能的不断提高，为满足其生产需求，奶牛饲粮的精粗比越来越高。若日粮纤维含量小且长度短，奶牛瘤胃缓冲能力不足，就会出现瘤胃酸中毒、纤维消化率下降、乳脂率下降等问题；但是，若饲粮中纤维含量过高，就会使动物的瘤胃填充程度增加，采食量下降。因此,奶牛日粮纤维要维持一定的长度以保持正常的反刍活动和唾液分泌。

宾州筛是在牛场用来估计日粮组分粒度大小的专用筛,由三个叠加式的筛子和底盘组成,第四层筛子的孔径是19 mm,第三层筛子的孔径是8 mm,第二层筛子的孔径是4 mm,第一层是底盘。不同群别奶牛新鲜TMR配方推荐粒度的比例见表12-3。

表12-3　不同群别奶牛TMR配方推荐粒度比例　　　　单位:%

饲料种类	一层	二层	三层	四层
泌乳牛TMR	15～18	20～25	40～45	15～20
干奶牛TMR	40～50	18～20	25～28	4～9
后备牛TMR	50～55	15～20	20～25	4～7

3. 操作步骤

(1)奶牛TMR配方检查的4个步骤

1)奶牛TMR配方的感官评定

从混合好的奶牛TMR中取部分样品,放手中观察,搅拌好的新鲜TMR感观为精粗饲料,混合均匀,精料附着在粗料的表面,松散不分离,色泽均匀,新鲜不发热,无异味,不结块。

2)奶牛TMR配方混合均匀度的检查

在奶牛精料中加入经精选的籽粒饱满且无缺损的种子绿豆作为标示物,添加量按照搅拌车装载量的1/80～1/100加入,然后将精料放入搅拌车内与粗料搅拌,混合均匀后,在卸料口采集样本。每车TMR按四分法抽取20个代表性样本,每个样品采集50 g左右,采样过程中不得翻动样品。样品采集完后分拣出标示物并称取重量。

混合均匀度的计算方法:计算各次测定的标示物质量$X_1,X_2,\cdots,X_{20}$的平均值X和标准差S,其变异系数CV(%)=$X/S\times100\%$,混合均匀度M=1-CV。

3)奶牛TMR配方养分指标的检查

奶牛TMR检测项目有水分、粗蛋白、粗脂肪、中性洗涤纤维、酸性洗涤纤维、钙、总磷和粗灰分,样品采集与分析方法分别按照饲料工业标准汇编进行。加工好的奶牛TMR样品养分指标实测数据应接近制作的日粮配方,允许的变动范围如表12-1所示。日粮非结构性碳水化合物(NSC)和中性洗涤纤维(NDF)的含量和比例满足表12-2中泌乳初期牛的标准。

4)奶牛TMR配方宾州筛检测

奶牛TMR配方的宾州筛检测方法:首先,将宾州筛各层按孔径从小到大的顺序拼接好。然后,随机分6个点取一定量的新鲜TMR样品,用四分法缩样到500 g左右,将饲料样品置于第一层宾州筛上;筛分的操作为平端宾州筛、左右晃动宾州筛,每一面筛5次,然后90度旋转到另一面再筛5次,如此循环7次,共计筛8面、40次。注意筛分过程中不能垂直振动,以保障饲料颗粒在筛面上滑动,筛分的频率约为每秒筛1.1次,幅度约17 cm。筛分完毕后,将各层样品称重,各层重量要满足表12-3中推荐的粒度比例。

（2）奶牛 TMR 配方评估的三种方法

1）用剩料分析评价奶牛 TMR 配方

奶牛 TMR 每天的剩料量为给料量的 3%～5%，过多会浪费，过少则奶牛采食不足。扣除剩料后，测算奶牛干物质实际采食量，采用中国《奶牛饲养标准》（NY/T 34—2004）中的公式对奶牛的干物质采食量进行估算。如果实际值远低于估测值，则说明奶牛采食量偏低；如果远高于估测值，则表明奶牛饲料利用率偏低。配方可通过调整精料配方或粗饲料质量或精粗料比来加以改进。

剩料采用宾州筛进行筛分，剩料筛分后的粒度分布应与喂前新鲜 TMR 接近，当顶层筛高于喂前 10% 就表明有挑食行为。奶牛采食后，休息时至少应有 50% 的牛只在反刍，低于 50% 表明日粮的粒度过短，有酸中毒的风险。

2）用粪便分析评价奶牛 TMR 配方

奶牛饲喂后，使用美国嘉吉粪便筛分析奶牛粪便，操作如下：①对所要检测的牛群按照 10% 的比例取样，每个取样 2 L；②使用清水冲洗筛中粪便，直到冲洗筛的水清亮为止；③筛分后对粪筛各层饲料进行称重和观察分析。评定标准具体为：上层（孔径 4.64 mm）比例应低于 10%，中层（孔径 3.04 mm）应低于 20%，底层（孔径 1.28 mm）应大于 50%。如上层和中层的筛上物过多（<50%），且存在大颗粒物（纤维、棉籽、玉米），表明瘤胃健康状况和饲料消化存在问题，需要调整饲料的物理加工工艺。

3）用奶牛生产性能评价奶牛 TMR 配方

奶牛的生产性能是制订 TMR 配方的重要依据，主要通过对奶牛泌乳量和乳成分的监测，评估日粮配方的合理性。若产奶量过低，表明日粮的能量浓度或蛋白质水平不足或不平衡；若产奶量指标达标，但乳脂率偏低，则可能是粗饲料粉碎过细，精粗比例过高，NDF 水平偏低；若乳蛋白率偏低，则可能是日粮中过瘤胃粗蛋白不足，或发酵的碳水化合物含量偏低，导致到达小肠的代谢蛋白不足。

四、问题思考

1）奶牛 TMR 混合均匀度不足与哪些因素有关？如何调整？

2）若奶牛预测采食量远高于实际采食量，应如何调整日粮配方？

3）奶牛尿液分析是否可以评判 TMR 配方的质量？

4）宾州筛的发展与应用状况如何？

5）怎样解决奶牛粪便中大颗粒残留问题？

五、拓展提高

（1）如何在生产实际中合理选择和使用饲养标准？

（2）如何理解畜禽在相同营养指标条件下,不同原料的组合形成的不同营养效应？

六、评价考核

学生提交报告,教师可从以下5个方面综合评价,给出学生考核成绩。

（1）日粮配方选择的合理性；

（2）日粮配方质量检查和评估的全面性；

（3）实施步骤的完整性；

（4）结果的准确性；

（5）报告的完整性。

（编写者：林　波）